Rhinoceros

三维产品建模及后期处理

李杨青　王丽霞　主编

ZHEJIANG UNIVERSITY PRESS
浙江大学出版社

图书在版编目(CIP)数据

Rhinoceros 三维产品建模及后期处理 / 李杨青,王
丽霞主编. —杭州:浙江大学出版社,2017.1(2024.7重印)
ISBN 978-7-308-16424-5

Ⅰ. ①R… Ⅱ. ①李…②王… Ⅲ. ①工业产品—计算
机辅助设计—应用软件 Ⅳ. ①TB472 - 39

中国版本图书馆 CIP 数据核字(2016)第 280049 号

Rhinoceros 三维产品建模及后期处理

主　编　李杨青　王丽霞
副主编　钱慧娜　赵　慧　王子春

责任编辑　吴昌雷
责任校对　潘晶晶　汪淑芳
封面设计　杭州林智广告有限公司
出版发行　浙江大学出版社
　　　　　(杭州市天目山路 148 号　邮政编码 310007)
　　　　　(网址:http://www.zjupress.com)
排　　版　杭州林智广告有限公司
印　　刷　广东虎彩云印刷有限公司绍兴分公司
开　　本　787mm×1092mm　1/16
印　　张　14
字　　数　314 千
版 印 次　2017 年 1 月第 1 版　2024 年 7 月第 4 次印刷
书　　号　ISBN 978-7-308-16424-5
定　　价　35.00 元

前　言

　　本书以 Rhino 软件建模结合 KeyShot 软件渲染进行三维数字化产品设计及后期效果处理。书中选择工业产品设计领域比较有代表性的日用产品设计案例进行讲解，非常强调建模及渲染操作过程的细节要点：在 Rhino 软件中，通过输入较为精确的数据与空间位置精准约束，从二维到三维分步逐渐完成建模；再将模型导入 KeyShot 软件中，通过有针对性地使用材质及光效表现产品效果。在读者学习案例的过程中，既能够掌握软件的各种操作技巧，又可以形成清晰明确的建模思路，真正意义上地具备三维产品建模与后期处理的方法技能。据相关科学研究表明：人的三维空间造型能力并非完全"与生俱来"，而是通过"有意识地训练"不断提高的。当我们掌握了三维建模思路和方法后，会惊叹自己具备了更为宽阔的设计创新视野。

　　本书根据读者认知能力与学习兴趣，专门安排了从简单容易到综合复杂的 7 个经典案例逐步推进，每个案例都是完整的产品设计过程。并且，每个案例都包括了文字结合图片的详细步骤演示，也录制了精彩的教学视频进行更为直观的操作演示。读者只需在书中相应位置通过手机扫一扫二维码，就能轻松地享受多媒体教学带来的优质感官体验。随着学习的不断深入，读者一点儿也不会感到通常软件学习带给人的那种枯燥乏味，相反，学习兴致将会愈发浓厚，不知不觉在短时间内一气呵成，发现竟能如此高效地掌握 Rhino 与 KeyShot 两种软件，既有成就感，又提高了综合技能。可以说本书集中体现了作者近年来从事三维软件教学工作的实践成果和经验积累，在此奉献给广大读者，希望能起到"心有灵犀一点通"的作用。

　　本书的撰写得到杭州职业技术学院工业设计专业组的教师团队和教务处相关负责人的大力支持，在此表示衷心感谢。同时，感谢为本书相关案例提供宝贵建模思路与方法的那些同样努力撰写专业教材的同行们。

　　由于涉及的教学案例属于个人主观行为，并且我们仍在不断创新、改进的路上，书中内容不免存在瑕疵和不足，欢迎广大读者提出宝贵意见，帮助我们继续完善教材，非常感谢！

杭州职业技术学院

李杨青

2016 年 10 月

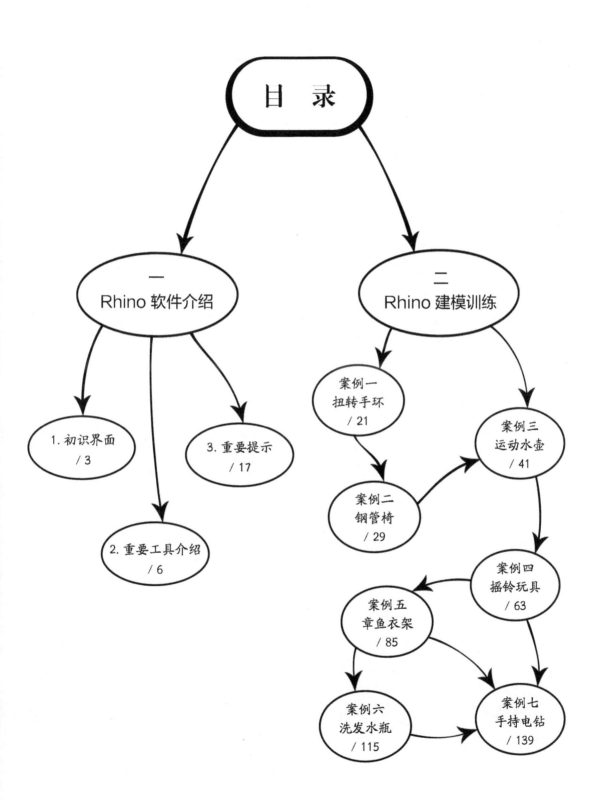

一

Rhino软件介绍

1. 初识界面

在开始学习 Rhino 软件的建模案例之前，我们先一起来了解 Rhino 的操作界面下各个区域的菜单类型和用途。

【菜单列】

【菜单列】位于 Rhino 软件的顶端一行位置（如图 1-1-1 所示）。功能比较全面，在其下拉菜单中几乎涵盖了建模需要用到的绝大部分的功能，是通过文字形式罗列工具的列表。

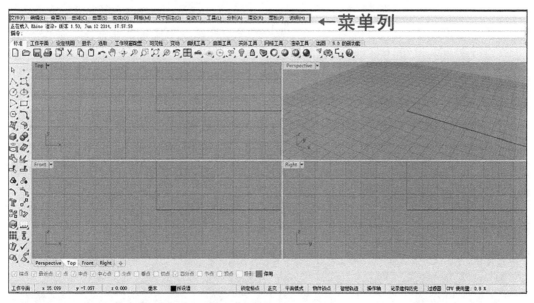

图 1-1-1

【指令栏】

【指令栏】位于 Rhino 软件顶部的【菜单列】的下一行位置（如图 1-1-2 所示）。在建模操作的过程中，这块区域会显示出建模的指令和相关选项的提示信息，并通过输入数字或字母进行建模步骤的精确创建。

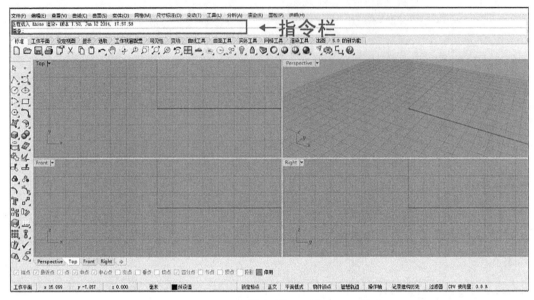

图 1-1-2

【工作视窗】

【工作视窗】位于 Rhino 软件正中间面积最大的区域（如图 1-1-3 所示）。创建出来的同一个模型会分别显示在四个视角中，分别是：Top 视角、Front 视角、Right 视角和Perspective 视角（顶视图、前视图、右视图和透视图）。可以根据需要，在不同的视角中调整、创建模型的局部造型和细节。

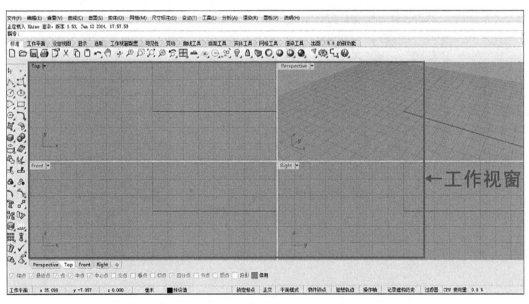

图 1-1-3

【标准工具列】

【标准工具列】位于 Rhino 软件上部的【指令列】的下一行位置（如图 1-1-4 所示）。功能全面，其下拉菜单中的工具与【工具列】的下拉菜单中的工具，几乎涵盖了软件需要用到的绝大部分的功能，【标准工具列】也是通过图形的形式罗列工具列表的。

其与【菜单列】的作用相似，只是操作位置和显示方式不同，使用者可根据自己的建模习惯选用对应菜单。

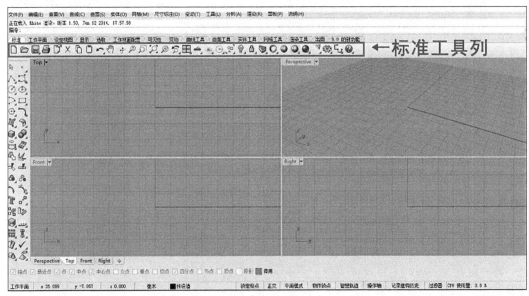

图 1-1-4

【工具列】

【工具列】位于 Rhino 软件左侧的两列位置（如图 1-1-5 所示）。其下拉菜单中的工具功能强大而全面，涵盖了三维建模需要用到的各种功能，并且从线到面再到实体有条不紊地逐一罗列，科学严密、细致入微，是图形形式的工具列表。

其与【菜单列】的作用相似，只是操作位置和显示方式不同，相比文字形式的列表，图形形式的列表设计得更为形象，操作者根据图标很容易理解建模的操作方法。

【状态列】

【状态列】位于 Rhino 软件底端一行的位置（如图 1-1-6 所示）。在建模过程中，需要对具体的线或点位有精确的位置要求，这就需要【状态列】中相应的约束功能进行锁定或自由绘制图形。在该区域会显示坐标和记录历史等相关的数据信息，使创建过程更为严谨。

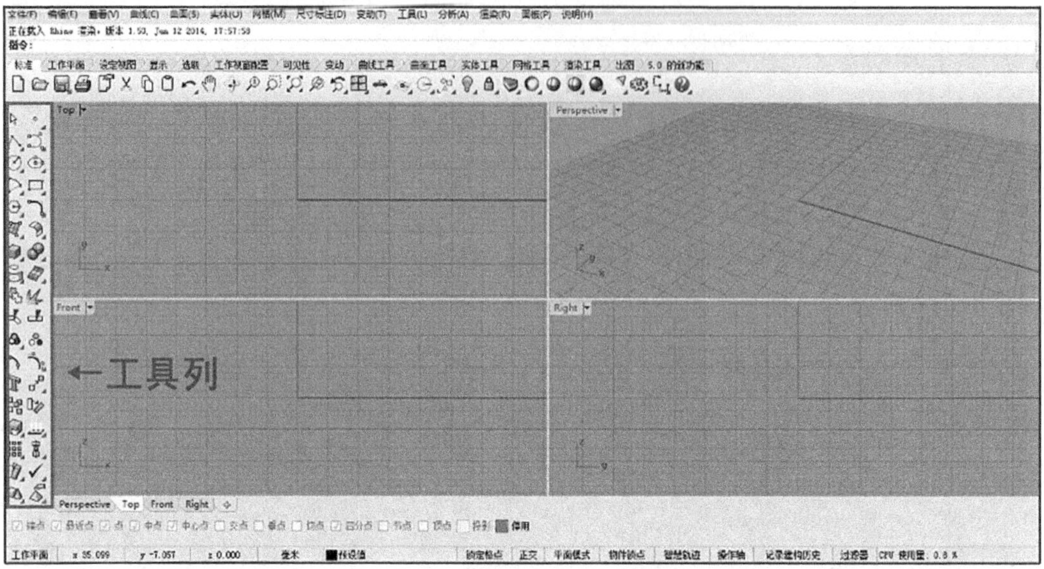

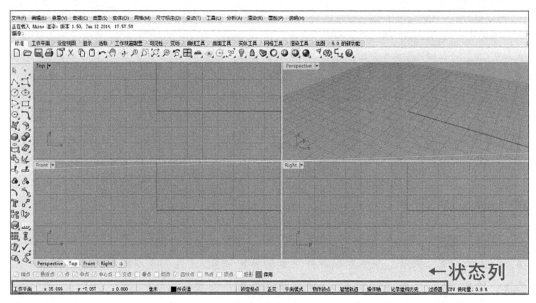

图 1-1-5

图 1-1-6

2. 重要工具介绍

在开始学习 Rhino 软件的建模案例之前,我们再来认识一些 Rhino 建模中常用到的重要建模工具的功能与使用方法。

【直线】

在直线工具的下拉菜单中,罗列了通过各种方法绘制直线的工具(如图 1-2-1 所示)。

例如多重直线(如图 1-2-2 所示),可逐点绘制出任意的直线线段(如图 1-2-3 所示)。

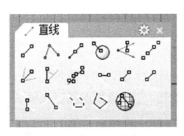

图 1-2-1

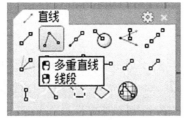

图 1-2-2

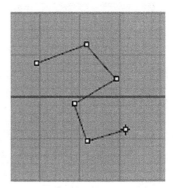

图 1-2-3

【曲线】

在曲线工具的下拉菜单中,罗列了通过各种方法绘制曲线的工具(如图 1-2-4 所示)。

例如控制点曲线(如图 1-2-5 所示),可逐点绘制出任意的曲线造型(如图 1-2-6 所示)。

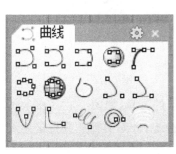

图 1-2-4

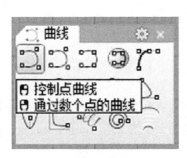

图 1-2-5

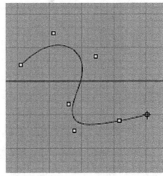

图 1-2-6

【圆弧】

在圆弧工具的下拉菜单中,罗列通过各种方法绘制圆弧线的工具(如图 1-2-7 所示)。

例如圆弧:中心点、起点、角度(如图 1-2-8 所示),通过中心点和起点的捕捉,进而确定转动角度,可绘制出精确的圆弧线(如图 1-2-9 所示)。

图 1-2-7

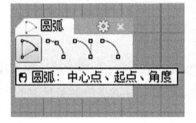
图 1-2-8

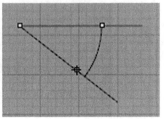
图 1-2-9

【圆】

在圆工具的下拉菜单中,罗列了通过各种方法绘制圆的工具(如图 1-2-10 所示)。

例如圆:中心点、半径(如图 1-2-11 所示),通过中心点的捕捉,进而捕捉点或直接输入半径值,可绘制出精确的圆(如图 1-2-12 所示)。

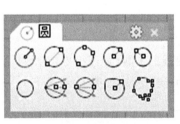
图 1-2-10

图 1-2-11

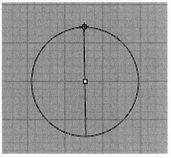
图 1-2-12

【矩形】

在矩形工具的下拉菜单中,罗列了通过各种方法绘制矩形的工具(如图 1-2-13 所示)。

例如矩形:中心点、角(如图 1-2-14 所示),通过中心点的捕捉,进而捕捉点或直接输入角距离,可绘制出精确的矩形(如图 1-2-15 所示)。

图 1-2-13

图 1-2-14

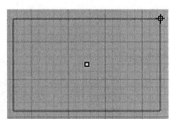
图 1-2-15

【多边形】

在多边形工具的下拉菜单中,罗列了各种造型的多边形绘制的工具(如图 1-2-16 所示)。例如多边形:中心点、半径(如图 1-2-17 所示),通过输入边数,然后捕捉中心点,进而捕捉点或直接输入半径值,可绘制出多边形(如图 1-2-18 所示)。

图 1-2-16　　　　　　　图 1-2-17　　　　　　　图 1-2-18

【曲线工具】

在曲线工具的下拉菜单中涉及多种曲线建模工具的使用方法(如图 1-2-19 所示)。

例如曲线圆角(如图 1-2-20 所示),可以通过输入圆角值,将两条线段形成的锋利夹角倒成圆角(如图 1-2-21 所示)。而全部圆角(如图 1-2-22 所示),可以通过输入圆角值,一次性将闭合图形中的多个锋利夹角统一倒成圆角(如图 1-2-23 所示)。

混接曲线(如图 1-2-24 所示),可以将断开的两条曲线,通过混接,连接成一条完整的曲线,并可以调节曲线混接的造型(如图 1-2-25 所示)。

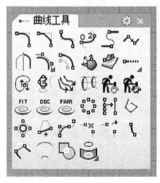 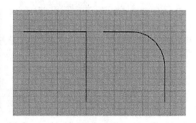

图 1-2-19　　　　　　　　图 1-2-20　　　　　　　　图 1-2-21

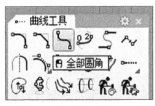

图 1-2-22

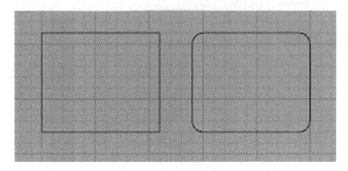

图 1-2-23

图 1-2-24

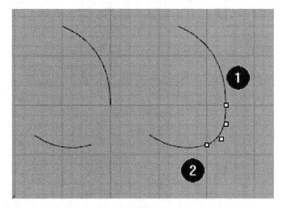

图 1-2-25

重建曲线(如图 1-2-26 所示),可以将曲线线段的点数和阶数等重新设置(如图 1-2-27 所示),使曲线能够通过控制点的调整改变造型(如图 1-2-28 所示)。

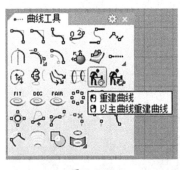

图 1-2-26

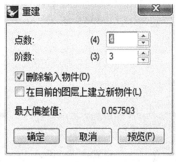

图 1-2-27

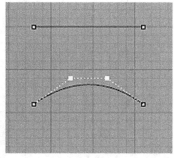

图 1-2-28

偏移曲线(如图 1-2-29 所示),可以将直线、曲线或图形按照偏移距离,向设定的方向进行偏移,创建出另外的线或图形(如图 1-2-30、图 1-2-31 所示),通过偏移得到的线不是完全复制之前的造型,而是根据偏移属性进行变化的。

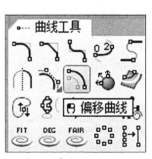

图 1-2-29

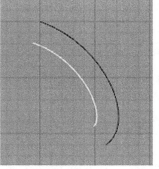

图 1-2-30

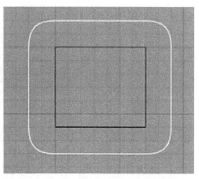

图 1-2-31

【建立曲面】

在建立曲面工具的下拉菜单中的工具功能全面,涉及的曲面建模工具用途广泛(如图 1-2-32 所示)。例如以平面曲线建立曲面(如图 1-2-33 所示),顾名思义可以通过在平面位置关系下的闭合曲线创建出平面曲面(如图 1-2-34 所示)。

图 1-2-32

图 1-2-33

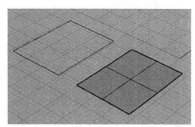

图 1-2-34

从网线建立曲面(如图 1-2-35 所示),则是首先绘制出纵向的若干条曲线(如图 1-2-36 所示),接着绘制出横向的分段的截面线(如图 1-2-37 所示),然后按顺序选取纵向曲线,最后按顺序逐一选取横向的曲线,调节设置预览曲面创建效果(如图 1-2-38 所示),确定后创建出如织网一般的立体曲面(如图 1-2-39 所示)。

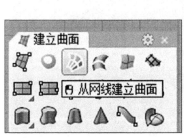

图 1-2-35

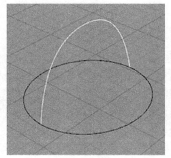

图 1-2-36

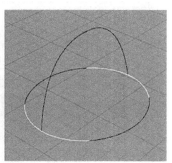

图 1-2-37

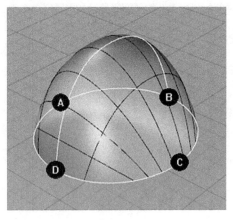
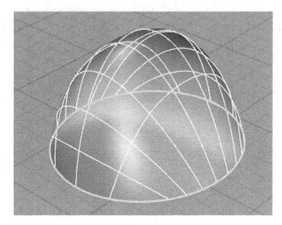

图 1-2-38　　　　　　　　　　　　　　　　图 1-2-39

这里需要注意的是,创建网线曲面的前提:纵向曲线和横向曲线虽然位置互相衔接,但纵向线与横向线的端点不能重合,必须位置错开,没有交点。

放样(如图 1-2-40 所示),可以通过依次选取空间高度不同的闭合曲线(如图 1-2-41所示),创建出立体曲面(如图 1-2-42 所示)。

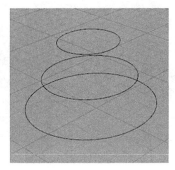
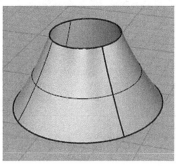

图 1-2-40　　　　　　　　　图 1-2-41　　　　　　　　　图 1-2-42

以二、三或四个边缘曲线建立曲面(如图 1-2-43 所示),顾名思义是通过几条在空间位置中相连的边缘曲线创建立体曲面(如图 1-2-44 所示)。

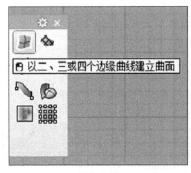
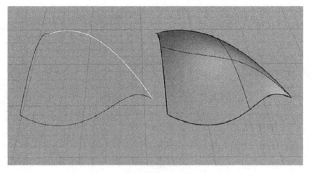

图 1-2-43　　　　　　　　　　　　　　　　图 1-2-44

这里需要注意的是,创建这种类型曲面的前提:作为边缘线的曲线需要保持线条的流畅性,线本身不能折叠相交,边缘线之间也不能相交重合,只能通过端点相互连接成闭合曲线。

双轨扫掠(如图 1-2-45 所示),首先绘制出两条纵向的轨迹曲线,然后绘制横向平面的截面曲线,按顺序先点选轨迹线再点选截面线,创建出双轨立体曲面(如图 1-2-46 所示)。

单轨扫掠的建模原理也是如此,不同之处是根据一条轨迹线创建曲面。

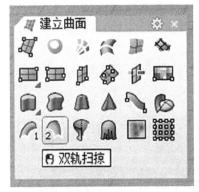

图 1-2-45

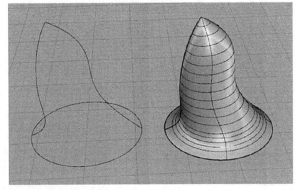

图 1-2-46

旋转成形(如图 1-2-47 所示),首先绘制出旋转所用的边缘曲线,然后通过旋转中心线,旋转出某个角度(如图 1-2-48 所示),或直接输入旋转角度数值创建出立体曲面(如图 1-2-49 所示)。旋转成形的建模操作默认设置为 360°,按 Enter 键或鼠标右键确定即可。

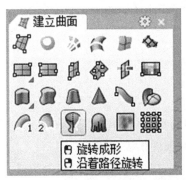

图 1-2-47

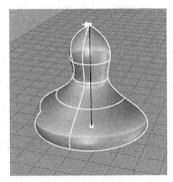

图 1-2-48

图 1-2-49

【曲面工具】

在曲面工具的下拉菜单中的工具功能全面,涉及许多曲面修改的方法。

例如曲面圆角(如图 1-2-50 所示),这个工具的用法与曲线圆角非常相似,区别在于它是针对曲面进行倒角(如图 1-2-51 所示)。同样的,偏移曲面(如图 1-2-52 所示),这个工具的用法与偏移曲线非常相似,区别在于它是针对曲面进行偏移(如图 1-2-53 所示)。

图 1-2-50

图 1-2-51

图 1-2-52

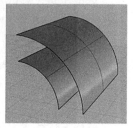

图 1-2-53

重建曲面(如图 1-2-54 所示),则是与重建曲线对应,区别在于它是针对曲面进行重建,并可以增加或减少曲面的网格密度(如图 1-2-55 所示)。

图 1-2-54

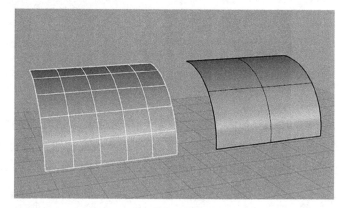

图 1-2-55

【建立实体】

在建立实体的下拉菜单中的工具可以创建出各种造型的实体(如图 1-2-56 所示)。
例如圆柱体、球体、圆锥体、立方体、圆管等不同的造型(如图 1-2-57 所示)。

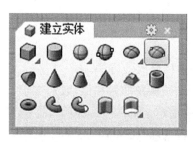

图 1-2-56

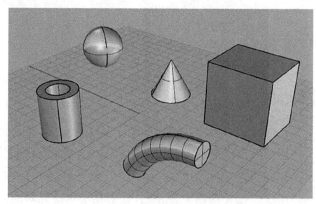

图 1-2-57

挤出封闭的平面曲线(如图 1-2-58 所示),顾名思义,可以通过封闭(或不封闭)的平面曲线向设定的方向挤出创建曲面或实体(如图 1-2-59 所示)。

图 1-2-58

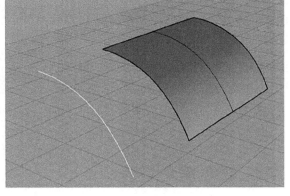

图 1-2-59

【实体工具】

在实体工具的下拉菜单中(如图 1-2-60 所示),涉及许多实体修改的方法。

例如布尔运算的几种建模方法(如图 1-2-61 所示),包括布尔运算联集、布尔运算差集、布尔运算交集和布尔运算分割工具,可以分别将两个相交的实体进行相应的合并、差集修剪、交集修剪和保留各部分的分割。

将平面洞加盖(如图 1-2-62 所示),则是通过闭合平面缺口,将曲面加盖成为实体。

图 1-2-60

图 1-2-61

图 1-2-62

【组合、炸开、修剪、分割】

这几项工具是常用的辅助工具,可以对线、曲面、实体进行相应的合并、拆分、切割、分段操作,通过图标可以比较清晰地进行工具的认知与使用(如图 1-2-63、图 1-2-64、图 1-2-65、图 1-2-66 所示)。

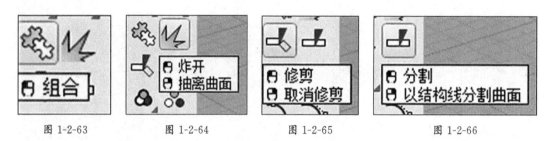

图 1-2-63   图 1-2-64   图 1-2-65   图 1-2-66

【复制、旋转、缩放、阵列】

这几项工具也是常用的辅助工具,可以对线、曲面、实体进行相应的复制、旋转、缩放、阵列操作,其中缩放与阵列下拉菜单中,又分别包括了多种调整造型的方式。通过图标可以比较清晰地进行工具的认知与使用(如图 1-2-67、图 1-2-68、图 1-2-69、图 1-2-70 所示)。

图 1-2-67   图 1-2-68   图 1-2-69   图 1-2-70

【点的编辑】

在点的编辑的下拉菜单中包括了许多造型控制点的编辑工具(如图 1-2-71 所示),涉及通过控制点对线、曲面、实体进行修改的方法。例如通过控制点调整一条曲线的造型(如图 1-2-72 所示),通过控制点调整一个球体的造型(如图 1-2-73 所示)。

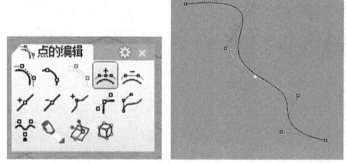

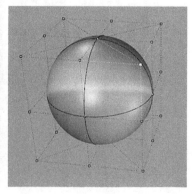

图 1-2-71   图 1-2-72   图 1-2-73

【状态列工具】

状态列工具是非常重要的用来确定空间位置的辅助工具(如图 1-2-74 所示)。其中物件锁定可以对建模过程中需要使用的各种辅助点进行捕捉,包括端点、最近点、中点、四分点等。而当建模过程不需要锁定这些辅助点时,可以点选停用(如图 1-2-75 所示),取消对辅助点的捕捉,使操作更灵活自由。

开启锁定格点与正交(如图 1-2-76 所示),分别是对视角中网格点进行锁定的工具和在绘制线段时保持正交关系的约束工具。

开启平面模式之后(如图 1-2-77 所示),在立体空间中创建的曲线都会被投影成底部平面的模式。

智慧轨迹(如图 1-2-78 所示)则是在三维空间中,非常智能地捕捉水平位置或垂直位置上造型的对应点位。通过智慧轨迹的约束,在各个视角中都可以更便捷地创建出多重直线的点、线、面等造型。如果开启智慧轨迹反而会给建模带来不便时,则可以选择关闭。

图 1-2-74

图 1-2-75　　　　　图 1-2-76　　　　图 1-2-77　　　图 1-2-78

3. 重要提示

还有许许多多工具无法逐一介绍,我们将在之后的案例学习中,逐步进行讲解。

学习 Rhino 软件需要明白一个重要原则:软件学习是"无底洞",首先应该掌握好基本技能,通过具体建模项目不断强化建模能力。千万不要朝三暮四,无休止地埋头苦学大量基本用不到的复杂建模工具,够用就行,活学活用。

二
Rhino建模训练

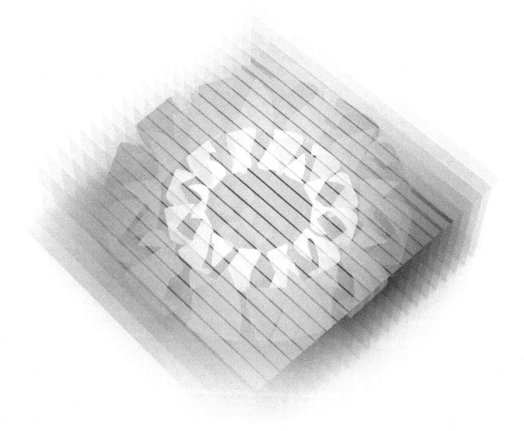

案例一

[扭转手环]

【实例概述】

本实例设计了一个扭曲的环形,主要运用了圆形、多边形、曲线圆角、弹簧线、双轨扫掠等工具命令,先通过使用"线"的工具创建出模型的辅助线,再通过使用"曲面"的工具创建出模型的曲面造型。在建模过程中,还应特别注意物件锁点中各种辅助点的运用,通过对点的捕捉定位能让建模更为严谨。

【建模步骤】

● Step 1 新建文件

点选【新建文件】打开模板文件,选择"小模型—毫米"(在这个模式下,尺寸单位为毫米,精度高),确定后打开新建文件(如图 2-1-1 所示)。

图 2-1-1

● Step 2 绘制圆形轨迹线

使用【圆】下拉工具【圆:中心点、半径】(如图 2-1-2 所示)画线,在 Top 视图指定位置画一个圆(如图 2-1-3 所示)。

操作要点:

1. 键盘输入"0"作为圆心,回车键确定;

2. 直径输入"30"后,回车键确定完成。

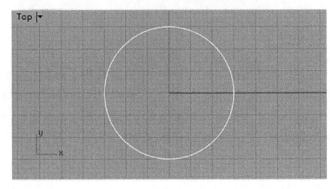

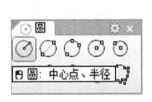

图 2-1-2   图 2-1-3

● **Step 3　绘制星形截面**

使用【多边形】下拉工具【多边形：星形】（如图 2-1-4 所示）画线，在 Front 视图指定位置画一个星形（如图 2-1-5 所示）。

> **操作要点：**
> 1. 在界面下方的物件锁点栏勾选【四分点】，以此为中心画星形；
> 2. 直径输入星形角距离"3"，按住 Shift 键确定位置后，输入第二半径"1.5"，回车键确定完成。

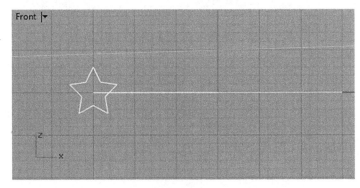

图 2-1-4   图 2-1-5

● **Step 4　调整星形截面**

使用【曲线工具】下拉工具【全部圆角】（如图 2-1-6 所示）画线，将星形进行倒角，并使用【变动】下拉工具【镜像】（如图 2-1-7 所示）完成镜像，并使用【2D 旋转】旋转调整方向。

操作要点：

1. 选中星形，完成整体倒角，输入"0.5"；

2. 参照圆的正中间【四分点】为镜像起点，创建出右边的星形（如图 2-1-8 所示）；

3. 参照星形中心位置的【四分点】，进行正交旋转，并单击鼠标左键确定（如图 2-1-9 所示）。

图 2-1-6

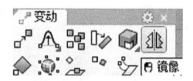

图 2-1-7

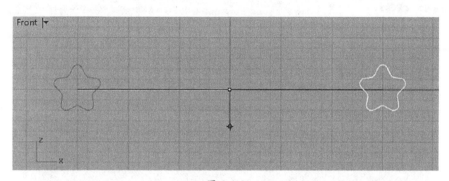

图 2-1-8

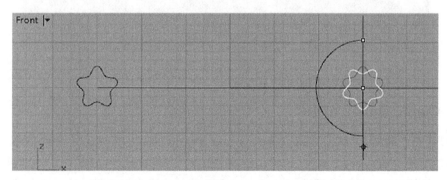

图 2-1-9

● **Step 5　绘制环绕曲线轨迹线**

使用【曲线】下拉工具【弹簧线】（如图 2-1-10 所示），选择界面上部信息栏中的【环绕曲线】，此处选取那个圆圈，将【圈数】设置为"1"，再捕捉星形的顶点，确定完成弹簧线。

操作要点：

1. 通过【四分点】可以确定环绕曲线交点是在两个星形的上、下顶点位置上（如图 2-1-11 所示）；

2. 在 Step1 创建圆圈时一定要保证半径起点在 X 轴上，使弹簧线起点（即圆圈半径起点）落在其中一个星形中心位置上（如图 2-1-12 所示）。

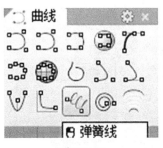

图 2-1-10

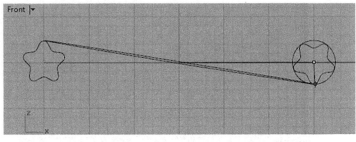

图 2-1-11

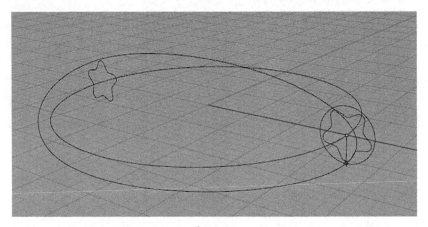

图 2-1-12

● Step 6　完成曲面创建

使用【建立曲面】下拉工具【双轨扫掠】（如图 2-1-13 所示），首先选取双轨线（圆圈和弹簧线），然后选取截面（两个星形）。此时出现两根射线，调整位置（如图 2-1-14 所示），确定后勾选对话框中的【封闭扫掠】（如图 2-1-15 所示），确定完成曲面造型（如图 2-1-16 所示）。

操作要点：

1. 通过【四分点】可以确定两条射线的位置落在两个星形上、下顶点上；

2. 如果方向不一致，使用鼠标在箭头位置轻轻移动，就能调整方向，并单击确定。

3. 通过材质的附着与视图模式转化（如图 2-1-17 所示），并隐藏前期绘制的辅助线（如图 2-1-18 所示）（圆圈和星形），可以达到更逼真的效果表现（如图 2-1-19 所示）。

图 2-1-13

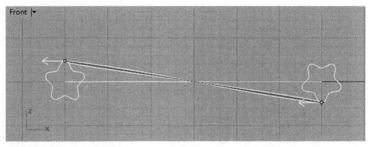

图 2-1-14

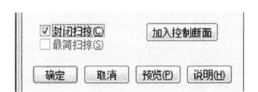

图 2-1-15

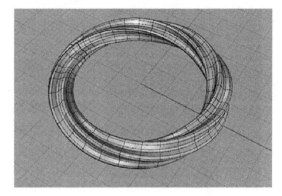

图 2-1-16

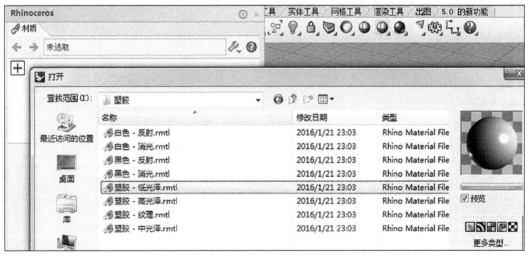

图 2-1-17

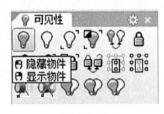

图 2-1-18

图 2-1-19

至此,扭转手环的建模及后期处理的操作过程演示完成。

案例二

［钢管椅］

【实例概述】

本实例讲解了钢管椅的设计过程,该设计过程主要运用了多重直线、组合、圆管、隐藏物件、控制点曲线、编辑图层等工具命令,先通过使用"线"的工具创建出模型的骨架轮廓,再通过使用"曲面"的工具创建出模型的结构和曲面。在建模过程中,通过输入坐标点创建出多重直线的操作是本案例的重点。建模完成后的渲染操作,需要读者首先对该产品进行了解,再结合实际进行效果表现。

【建模步骤】

● Step 1 新建文件

点选【新建文件】打开模板文件,选择"小模型—毫米"(在这个模式下,尺寸单位为毫米,精度高),确定后打开新建文件(如图 2-2-1 所示)。

图 2-2-1

● Step 2 绘制多重直线(一)

使用【直线】下拉工具【多重直线】(如图 2-2-2 所示),首先绘制椅子的侧面骨架,双击点选 Right 视角放大(如图 2-2-3 所示),输入起点"0,0"(如图 2-2-4 所示),完成起点位置的输入(如图 2-2-5 所示)。接着输入"45,0",完成水平向右 X 轴正方向的多重直线第二点的创建(如图 2-2-6 所示)。

操作要点：

在绘制时，标点符号逗号"，"，应该是英文输入法的符号，才能完成输入点。

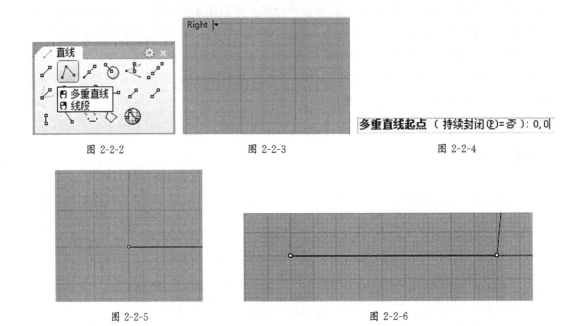

图 2-2-2　　　　　　　　　　图 2-2-3　　　　　　　　　　图 2-2-4

图 2-2-5　　　　　　　　　　　　　　　　图 2-2-6

● Step 3　绘制多重直线（二）

继续输入第三个点的位置"r40＜90"（表示线段长度为 40，角度方向是 90°，"＜"符号在指令中表示为"＝"符号），确定完成该点输入（如图 2-2-7 所示）；接着用同样的方法输入第四个点的位置"r42＜180"，确定完成该点输入（如图 2-2-8 所示）；再完成第五个点，输入"r45＜100"，确定完成多重直线的创建（如图 2-2-9 所示）。在 Perspective 视角中，这部分椅子侧面骨架线是立着的状态（如图 2-2-10 所示）。

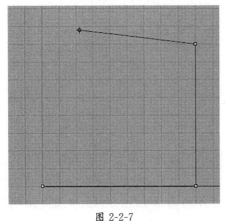

图 2-2-7

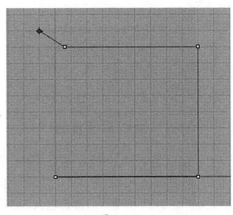

图 2-2-8

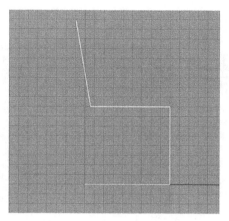

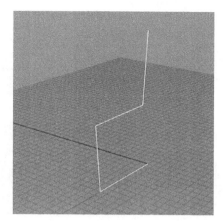

图 2-2-9 图 2-2-10

操作要点：

　　在绘制多重直线时,可以根据各个点位,一次性完整地绘制椅子骨架轮廓,但会比较费劲,也可以根据对称的特征,进行部分绘制后用复制来完成整体。

● Step 4　绘制多重直线(三)

　　使用【多重直线】,在物件锁定栏勾选端点进行起始点选取,在 Front 视角绘制出椅背的一条骨架线,输入"r45＜0";在绘制的时候同时参照其他几个视角,确保空间位置的正确(如图 2-2-11 所示)。点选之前创建的椅子侧面曲线,使用【复制】工具(如图 2-2-12 所示),锁定多重曲线上方端点,将其复制到直线的另外一侧端点位置(如图 2-2-13 所示)。最后连接上椅子框架的底部线段(如图 2-2-14 所示)。

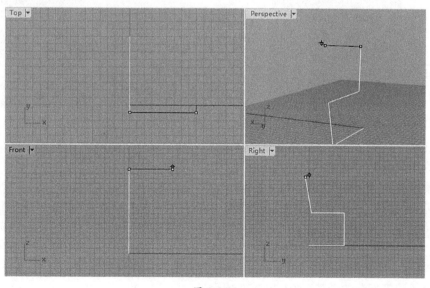

图 2-2-11

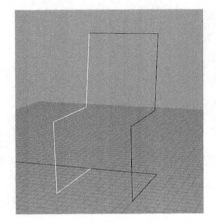

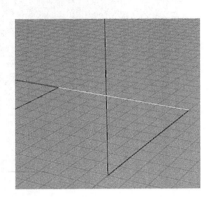

图 2-2-12　　　　　　　　图 2-2-13　　　　　　　　图 2-2-14

操作要点：

1. 在创建过程中，须在软件界面底部相应位置关闭平面模式（按钮为抬起状态）；

2. 打开物件锁点，灵活使用栏目中的各种点的锁点，以及适当开启或关闭正交。

● Step 5　组合多重直线

全选已创建的框架线条，使用【组合】工具（如图 2-2-15 所示），将其组成一条连贯的多重直线（如图 2-2-16 所示）。使用【曲线工具】下拉【全部圆角】工具（如图 2-2-17 所示），点选框架线，将整体倒角设置为"5"，完成创建（如图 2-2-18 所示）。

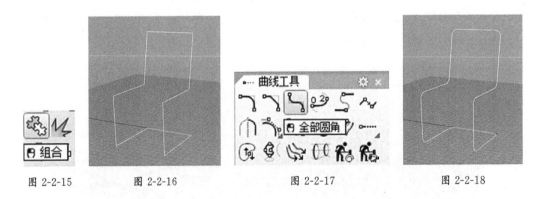

图 2-2-15　　　　图 2-2-16　　　　　　　　图 2-2-17　　　　　　　图 2-2-18

操作要点：

使用鼠标，按住左键框选整个造型。

● Step 6　创建圆管实体

使用【建立实体】下拉【圆管】工具，点选椅子框架线创建圆管截面，半径值输入"2"，确定完成椅子圆管部分的创建（如图 2-2-19 所示）。

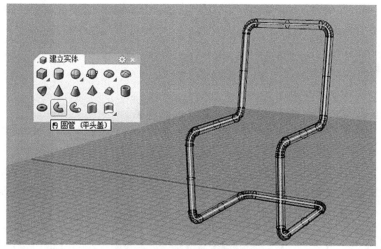

图 2-2-19

● Step 7 隐藏实体

点选圆管曲面,使用【隐藏物件】将这部分进行隐藏(如图 2-2-20 所示),以便继续画线。

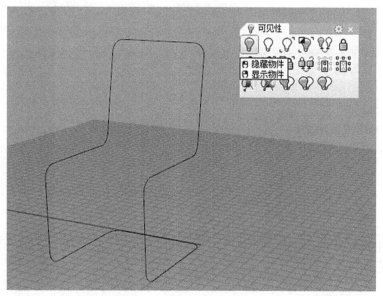

图 2-2-20

● Step 8 绘制椅背曲线

使用【控制点曲线】工具(如图 2-2-21 所示),在椅背上部位置点选最近点锁定一端的起始点,按住 Shift 键(打开正交),水平绘制一条直线,直到另一边交点位置结束(如图 2-2-22 所示)。

使用【曲线工具】下拉【重建曲线】进行曲线的重建(如图 2-2-23)。将重建菜单下参数调整为 3 阶 4 点(如图 2-2-24 所示),调整完成后按 F10 打开控制点(如图 2-2-25 所示),

选取中间两个点,并在 Top 视角向下拉动(打开正交),将其调整成弧线(如图 2-2-26 所示),按 F11 关闭控制点。

操作要点:

1. 鼠标左键按住框选中间两点;

2. 再按住 Shift(打开正交)一起垂直下拉控制点。

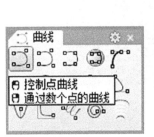

图 2-2-21

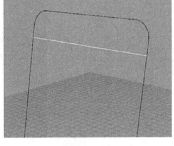

图 2-2-22

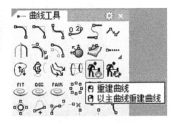

图 2-2-23

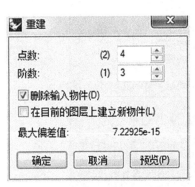

图 2-2-24

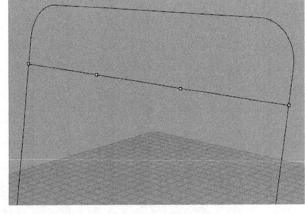

图 2-2-25

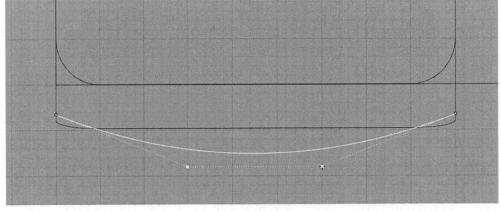

图 2-2-26

● **Step 9 创建椅背曲面**

选取弧线,使用【复制】,通过端点、最近点在相应位置上取点,复制已创建出的靠背下面的弧线(如图 2-2-27 所示)。使用【放样】(如图 2-2-28 所示),点选两条曲线按默认设置完成靠背曲面创建(如图 2-2-29 所示)。

操作要点:

点选曲线时,点选两条曲线的同侧位置,以免发生曲面扭转。

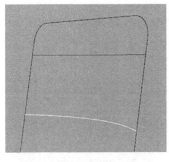
图 2-2-27

图 2-2-28

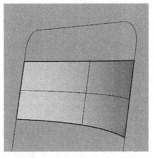
图 2-2-29

● **Step 10 创建坐垫曲面**

使用前面步骤中的方法,完成钢管椅坐垫的创建(如图 2-2-30 所示)。使用【显示物件】工具,将之前创建的钢管部分重新显示出来(如图 2-2-31 所示)。

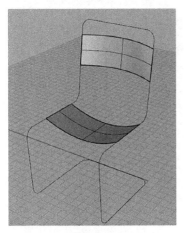
图 2-2-30

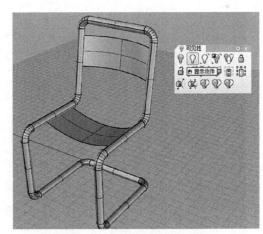
图 2-2-31

操作要点:

1. 在创建椅背、坐垫过程中,应灵活使用物件锁点中的各种约束点;

2. 注意把握曲面的宽度,调整好整体比例关系。

● Step 11　通过图层设置区分细节

点选【编辑图层】对模型进行图层区分(如图 2-2-32 所示),先将新建图层逐一重命名(椅背靠垫、钢管、线等),并将其图层色彩进行编辑区分(如图 2-2-33 所示)。选取各个部分逐一进行物件图层改变(如图 2-2-34、图 2-2-35 所示)。并统一选取之前创建模型的辅助线(如图 2-2-36 所示),并设为线图层进行隐藏(如图 2-2-37 所示)。在着色模式下钢管椅的效果如图 2-2-38 所示。

操作要点:
模型部件分层编辑的过程,也是对设计产物进行从造型结构到功能使用的进一步检查及分析,为产品后期效果处理做完善准备。

图 2-2-32

图 2-2-33

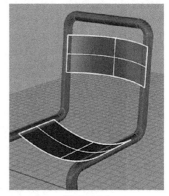

图 2-2-34

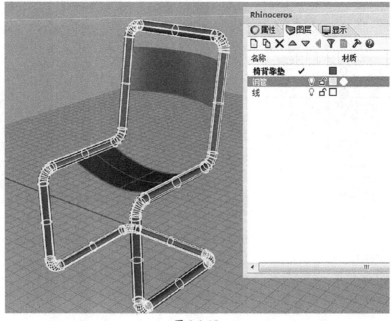

图 2-2-35

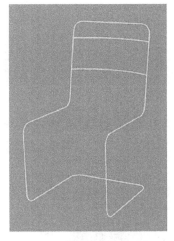

图 2-2-36   图 2-2-37   图 2-2-38

● Step 12 渲染模型后期处理

打开渲染软件 KeyShot 5（如图 2-2-39 所示），将模型按照默认窗口导入其中（如图 2-2-40 所示）。

图 2-2-39   图 2-2-40

在渲染环境中，显示为犀牛软件中调整的效果（如图 2-2-41 所示），点击打开库中材质进行编辑，首先选取 Metal（金属）材质，并具体选择符合钢管椅材质特征的材质球（如图 2-2-42 所示），将其直接拖到模型相应部件位置，对模型材质实现替换。

继续选择材质，点选皮质，选取与钢管椅靠背、坐垫材质对应的黑色材质球（如图 2-2-43 所示），对模型进行材质替换。最终实现更真实生动的效果图表现如图 2-2-44 所示。

操作要点：

1. 选用与案例实际效果适合的材质；

2. 注意主体物在画面中的放置角度、位置、光线效果。

图 2-2-41

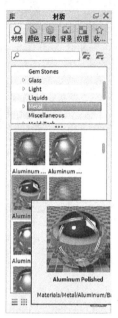

图 2-2-42

图 2-2-43

图 2-2-44

至此，钢管椅子的建模及后期处理的操作过程演示完成。

案例三

[运动水壶]

【实例概述】

本实例讲解了运动水壶的设计过程，该设计过程主要运用了直线、控制点曲线、镜像、偏移曲线、曲线延伸、旋转成形、不等距边缘倒角、圆柱管、弹簧线、多边形、边缘斜角、从网线建立曲面、将平面洞加盖、直线挤出、布尔运算、单轨扫掠等工具命令，建模在把握整体造型的基础上，根据局部配件逐一完成。先通过使用"线"的工具创建出模型的骨架轮廓，再通过使用"曲面"或"实体"的工具创建出模型的结构造型。

在建模过程中，偏移曲线、旋转成形、弹簧线、圆柱管、从网线建立曲面、将平面洞加盖、直线挤出、布尔运算、单轨扫掠等工具命令，是本案例的学习重点。其中利用弹簧线创建出水壶的螺口结构和利用从网线建立曲面创建壶盖的操作较为复杂，需要读者仔细体会。建模完成后的渲染操作，需要读者首先对该产品进行了解，再结合实际进行效果表现。

【建模步骤】

● Step 1　创建瓶身大体造型

点选【新建文件】打开模板文件，选择"小模型—毫米"，确定后打开新建文件。使用【直线】工具，在 Front 视角绘制一条长度为 18 厘米的竖直线（如图 2-3-1 所示），起点输入"0"，终点输入"r180＜270"（表示长度为 180 毫米的线段，方向为 270°，即竖直向下）。

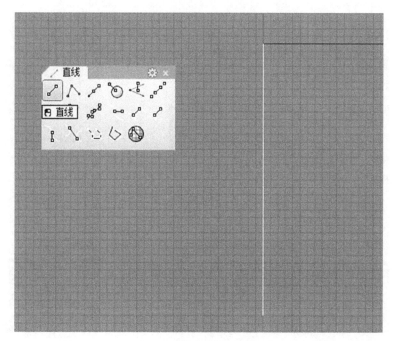

图 2-3-1

操作要点：

可点选界面顶部菜单"工具"栏中"选项"，调整"格线"属性，将总格数设置为"200"及以上，保证了创建的模型在格线范围内，便于参考。

使用【直线】工具，在竖直线的下端绘制出瓶身的底部半径"32"（如图 2-3-2 所示），在上端绘制出瓶口半径"17"（如图 2-3-3 所示）。

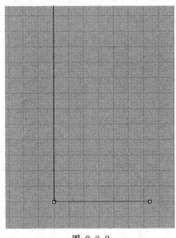

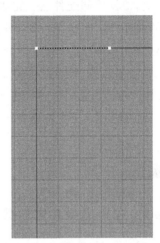

图 2-3-2 图 2-3-3

使用【控制点曲线】工具，根据瓶口与瓶底的半径端点，进行瓶身外轮廓曲线的绘制，并开启控制点进行修改调整（如图 2-3-4 所示），关闭控制点完成曲线的创建（如图 2-3-5 所示）。

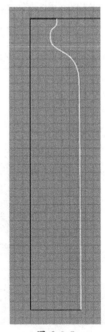

图 2-3-4 图 2-3-5

操作要点：

1. 绘制外轮廓曲线时，有时需要打开"正交"，保证直线部分的绘制准确性；

2. 开启控制点调整曲线细节时，注意把握曲线流畅和整体比例关系。

使用【曲线圆角】工具，选取瓶底两条相交的线进行底部边缘的倒角处理（如图 2-3-6 所示），倒角值为"5"，并将一侧的轮廓曲线进行【组合】（如图 2-3-7 所示）。

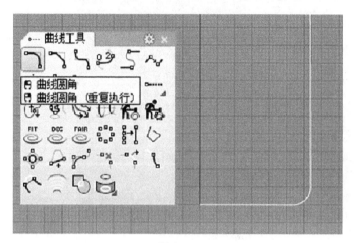

图 2-3-6　　　　　　　　　　　　　　　　　图 2-3-7

使用【镜像】工具，镜像复制出另一侧半边轮廓线（如图 2-3-8 所示），并【组合】整体轮廓线。

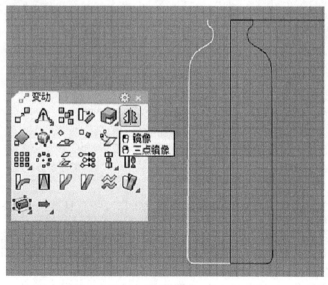

图 2-3-8

使用【偏移曲线】工具将外轮廓线向内偏移距离"2",这是瓶身的壁厚(如图 2-3-9 所示)。

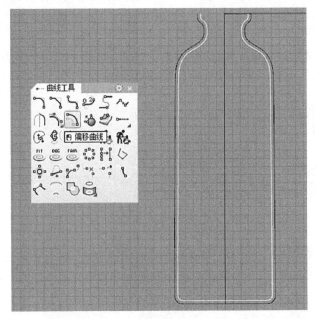

图 2-3-9

在瓶口左侧位置使用【直线】,绘制出距离为"2"的直线(如图 2-3-10 所示),使用【曲线工具】下拉【延伸】工具下拉【连接】将瓶口处的缺口用线填补完整(如图 2-3-11 所示)。

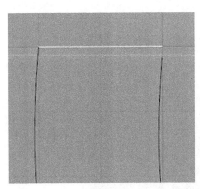

图 2-3-10

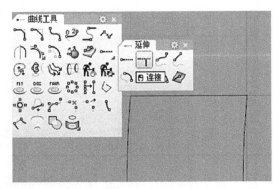

图 2-3-11

右侧也是同样的操作,并使用【组合】(如图 2-3-12),将瓶身截面进行组合(如图 2-3-13 所示)。

操作要点:
    由于曲线偏移后,会产生一定的缩放效果,所以必须将整个截面闭合才能保证接下去能够完成瓶身实体的创建。

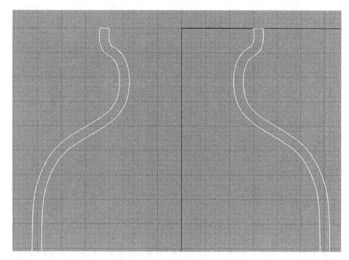

图 2-3-12

图 2-3-13

使用【旋转成形】将瓶身以对称轴为中轴线进行 360°旋转成形（如图 2-3-14 所示），完成瓶身大体造型（如图 2-3-15 所示）。

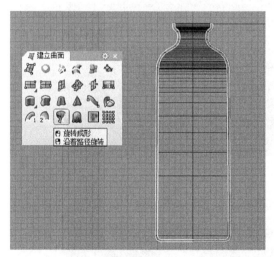

图 2-3-14

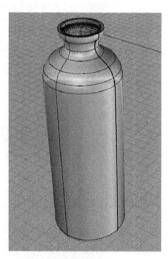

图 2-3-15

使用【编辑图层】工具，首先创建出两个图层：瓶体、线，并将颜色进行区分。点选辅助线将其归入线图层，并隐藏；将瓶身归入对应图层，颜色发生改变（如图 2-3-16 所示）。

操作要点：

通过分层和分色，将各个细节单独区分开来，使建模步骤更清晰明确。

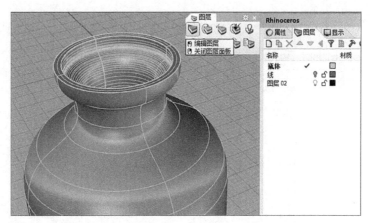

图 2-3-16

使用【实体工具】下拉【不等距边缘圆角】工具,将瓶口边缘进行倒角(如图 2-3-17 所示)。倒角值为"0.2"。

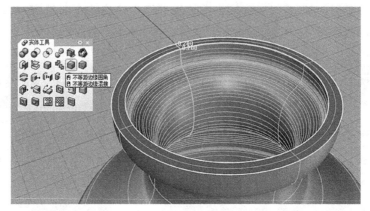

图 2-3-17

着色模式下的瓶口效果如图 2-3-18 所示。

图 2-3-18

● Step 2 创建瓶口内部及瓶盖大形

使用【建立实体】下拉【圆柱管】工具,选取两点画圆法,搜索瓶口内壁直径对应的两个四分点,绘制出外直径后,往内创建出壁厚为"4"的内直径,继而向下拉伸出深度为"5"的圆柱管(如图 2-3-19 所示)。

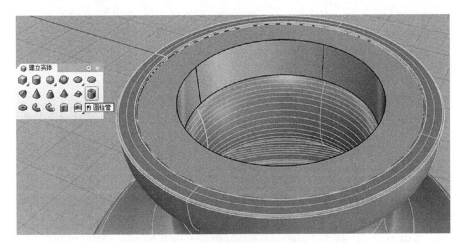

图 2-3-19

使用【隐藏物件】工具,先将瓶身进行隐藏,以便可以更清晰地完成中间环状部位的螺纹细节的创建(如图 2-3-20 所示)。

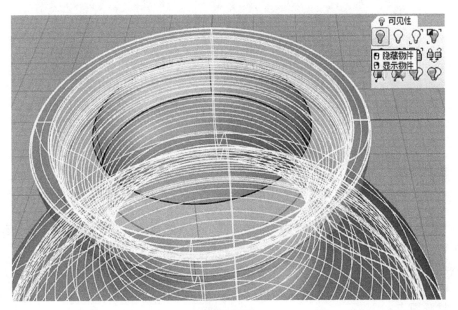

图 2-3-20

使用【直线】,在 Perspective 视角,利用物件锁点"中心点",通过内边缘线的两个中心点绘制一条竖直线(如图 2-3-21 所示)。

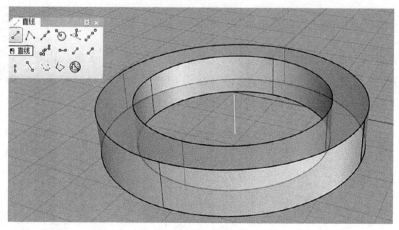

图 2-3-21

使用【曲线】下拉【弹簧线】，以创建的竖直线为轴，内径边缘上下对应的两个四分点为弹簧线起点和终点，圈数为 3 圈，绘制出一条弹簧线（如图 2-3-22 所示）。

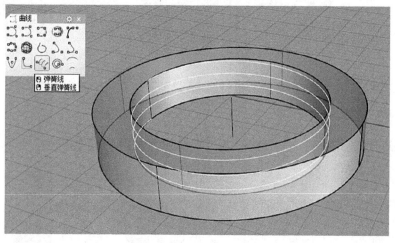

图 2-3-22

操作要点：

　　在创建弹簧线过程中可将实体结构部分进行隐藏，使后续的螺旋结构创建更为清晰。

　　使用【多边形】工具，设置为 3 边（即三角形），边角距离为"0.5"，在弹簧线侧面绘制出一个等边三角形（如图 2-3-23 所示），根据最近点移动到弹簧线上（如图 2-3-24 所示），使用【建立曲面】下拉【单轨扫掠】工具（如图 2-3-25 所示），创建螺旋结构（如图 2-3-26 所示）。

操作要点：

　　在创建时，首先选取螺旋线，接着点选选项中的"点"，选取起点，然后选取三角形截面，最后再选取终点，创建出螺旋结构。

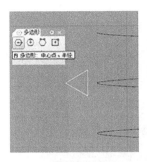
图 2-3-23

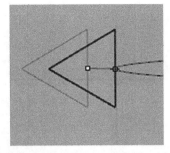
图 2-3-24

图 2-3-25

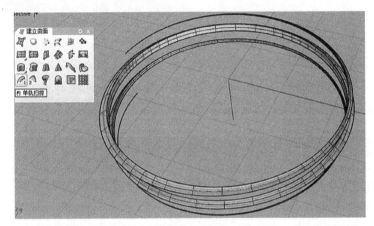
图 2-3-26

　　使用【显示物件】显示之前因创建螺旋结构而隐藏的圆圈实体(如图 2-3-27 所示)。使用【二轴缩放】工具(如图 2-3-28 所示),在 Top 视角将螺旋结构沿着中心位置适当放大一些(为了完成布尔运算差集的分割,需保证实体间的相交关系)。使用【布尔运算差集】进行切割,创建出瓶口里边的螺口结构(如图 2-3-29 所示)。

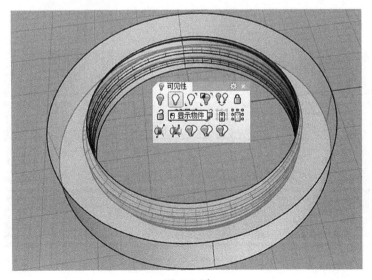
图 2-3-27

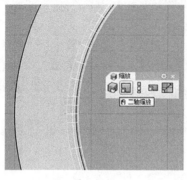

图 2-3-28 　　　　　　　　　　　　　　　　图 2-3-29

使用【不等距边缘斜角】工具(注意是斜切角)在瓶口内侧边缘做出"0.5"的切角(如图 2-3-30 所示)。完成切角后在着色模式下的效果呈现,如图 2-3-31 所示。新建出内螺口的图层,颜色为金色,并将其归入此图层(如图 2-3-32 所示)。至此瓶身部分的建模已经完成。

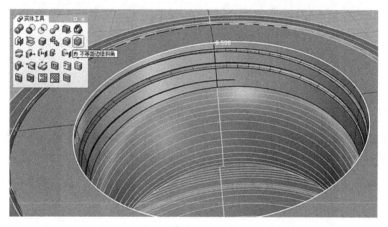

图 2-3-30

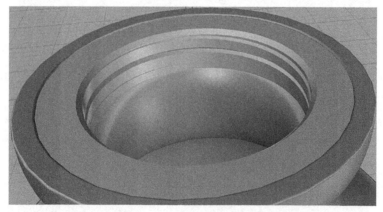

图 2-3-31

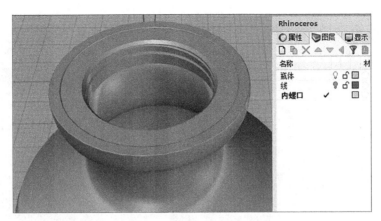

图 2-3-32

使用【圆】工具,绘制瓶盖底面直径为"35"的圆(如图 2-3-33 所示)。使用【直线】工具,以圆心为起点,向上绘制长度为"30"的竖直线(如图 2-3-34 所示)。

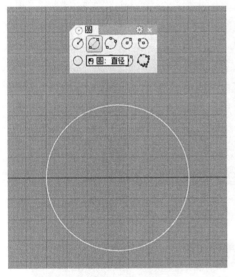

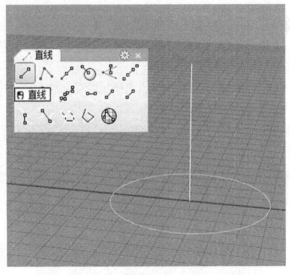

图 2-3-33　　　　　　　　　　　　　　　　图 2-3-34

使用【多重直线】绘制出左侧轮廓线(如图 2-3-35 所示);再使用【曲线圆角】对其进行圆角处理,设置倒角值为"6"(如图 2-3-36 所示)。

使用【镜像】将另一侧对称镜像(如图 2-3-37 所示),然后进行组合(如图 2-3-38 所示)。

在圆中轴位置上,绘制一条直线(如图 2-3-39 所示),使用【修剪】工具以这条线将圆对半切分(如图 2-3-40 所示)。

> **操作要点:**
> 1. 打开"智慧轨迹",绘制多重直线时可以更为准确;
> 2. 将圆对半切分是为后续创建曲面提供必要的辅助线。

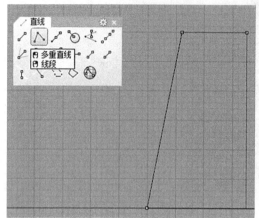

图 2-3-35

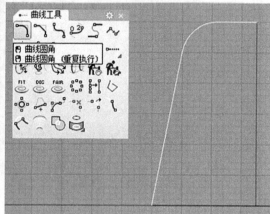

图 2-3-36

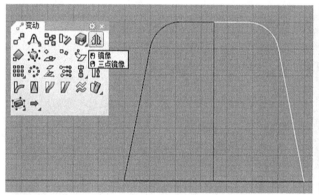

图 2-3-37

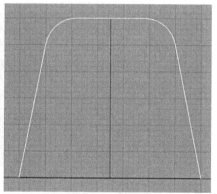

图 2-3-38

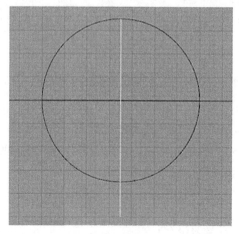

图 2-3-39

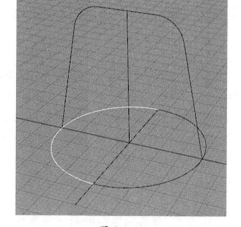

图 2-3-40

使用【从网线建立曲面】分别点选圆的两边线与轮廓曲线,创建出曲面(如图 2-3-41 所示)。

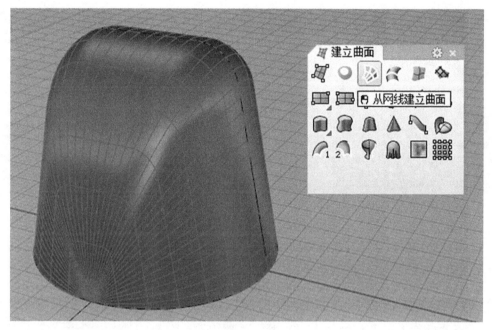

图 2-3-41

使用【实体工具】下拉【将平面洞加盖】工具,将曲面闭合成实体(如图 2-3-42 所示)。

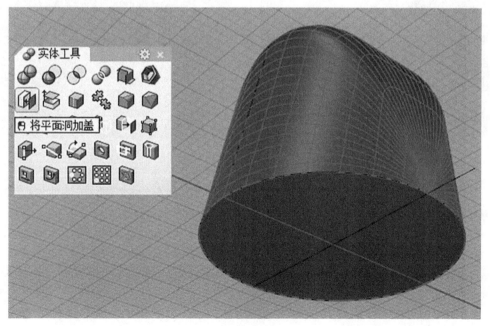

图 2-3-42

使用【多重直线】工具,在侧面绘制出"L"形单侧线段(如图 2-3-43 所示),使用【曲线圆角】工具,创建倒角值为"15"的圆角(如图 2-3-44 所示)。

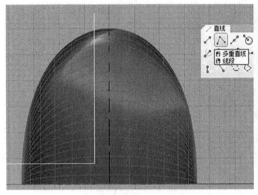

图 2-3-43

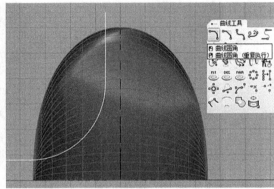

图 2-3-44

通过【镜像】将另一边对称镜像(如图 2-3-45 所示),使用【多重直线】将其连接成闭合截面(如图 2-3-46 所示),使用【组合】工具组合。

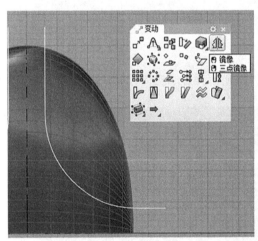

图 2-3-45

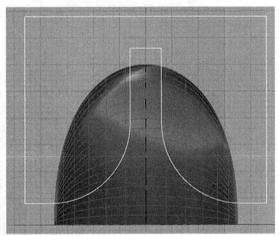

图 2-3-46

使用【直线挤出】工具,创建出穿过瓶盖大形的实体(如图 2-3-47 所示)。使用【布尔运算差集】将其从盖子上剪除,进一步创建瓶盖实体(如图 2-3-48 所示)。

操作要点:

在【布尔运算差集】创建时,必须保证两个部分完全相交后完全剪除多余部分实体。

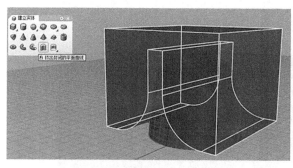

图 2-3-47

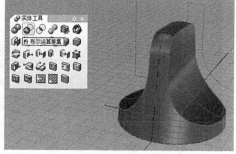

图 2-3-48

● Step 3　创建水壶瓶盖细节

使用【圆】在盖子正面中心位置绘制一个直径为"18"的圆（如图 2-3-49 所示），使用【直径挤出】工具，向两侧同时挤出穿过盖体的圆柱实体（如图 2-3-50 所示）。

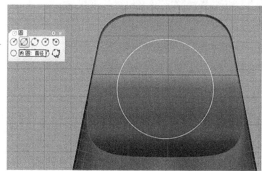

图 2-3-49

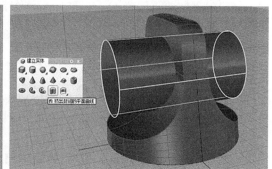

图 2-3-50

使用【布尔运算差集】将中部开孔（如图 2-3-51 所示）。使用同样的方法，在瓶体左上角位置创建出可穿挂钩的小孔（如图 2-3-52 所示）。

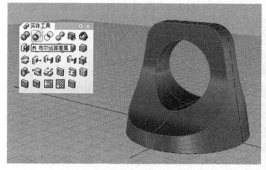

图 2-3-51

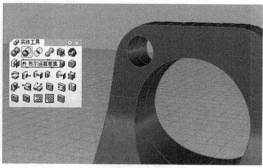

图 2-3-52

使用【实体倒角】工具,将整个瓶盖的边缘,进行适度的倒圆边处理,建议值为"0.2"(如图 2-3-53 所示)。

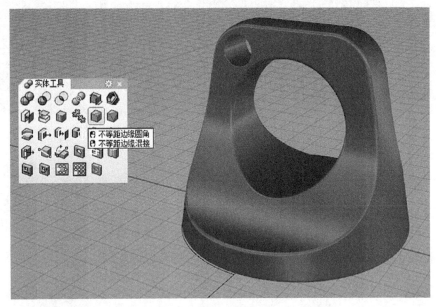

图 2-3-53

操作要点:

1. 在【实体倒角】时,选择"连锁边缘"会更全面快捷;

2. 使用【图层编辑】工具调整各部分造型的图层。

调整 Top 视角为 Bottom 视角,使用【圆】绘制出直径为 14 的圆(如图 2-3-54 所示)。

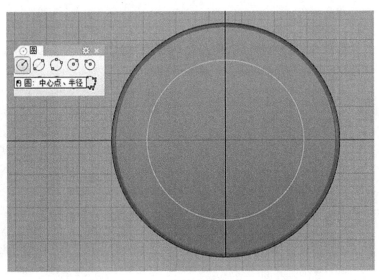

图 2-3-54

使用【偏移曲线】工具，将圆向内偏移距离 1，产生另一个圆（如图 2-3-55 所示）。

使用【直线挤出】工具，向下挤出深度为 7 的圆环实体（如图 2-3-56 所示）。通过移动工具向下调整圆环位置。

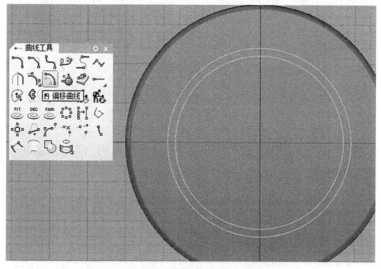

图 2-3-55

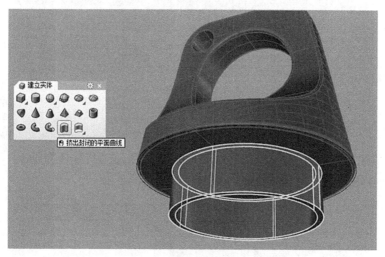

图 2-3-56

操作要点：

使用【圆柱管】工具可以更快速有效地创建这部分实体。

● Step 4　创建瓶盖软垫

点选之前被分开的底面边缘（如图 2-3-57 所示），将其重新组合。

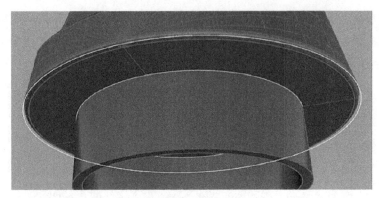

图 2-3-57

选取外圈、内圈两条线，使用【直线挤出】向下挤出厚度为"1"的瓶盖软垫（如图 2-3-58 所示），并归入相应图层。

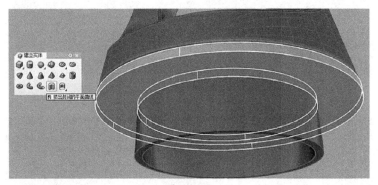

图 2-3-58

● Step 5　创建完成瓶盖螺口

使用之前螺旋结构的创建方法，将圈数设置为 4 圈，使用【单轨扫掠】 工具，创建出瓶盖部分方向向外的螺口（如图 2-3-59 所示）。

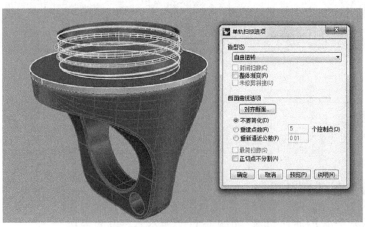

图 2-3-59

瓶盖创建完成,在着色模型下的效果如图 2-3-60 所示。

图 2-3-60

操作要点:

1. 绘制螺旋结构的三角形截面时,多边形角距离值为"0.5";

2. 将三角形截面与螺旋轨迹线中部相交;

3.【单轨扫掠】时,按顺序分别点选螺旋线起点、三角形截面、螺旋终点。

Step 6　渲染模型后期处理

打开渲染软件 KeyShot 5,将模型导入场景中(如图 2-3-61 所示)。

图 2-3-61

操作要点：

在导入渲染软件前，先将模型在犀牛软件中调整好位置关系并区分图层。

使用相应的材质球，如塑料（Plastic）等材质，并编辑其色彩（如图 2-3-62 所示）。

将其逐一进行材质替换，达到真实的运动水壶渲染效果（如图 2-3-63 所示）。

图 2-3-62

图 2-3-63

至此，运动水壶的建模及后期处理的操作过程演示完成。

案例四

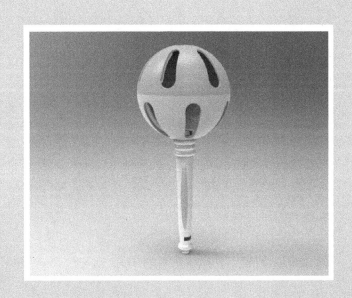

［摇铃玩具］

【实例概述】

本实例讲解了儿童摇铃玩具的设计过程,该设计过程主要运用了球体、2D 旋转、多边形、挤出曲线、移动、修剪、编辑图层、镜像、旋转成形、椭圆、环形阵列、布尔运算、矩形等工具命令,建模在把握整体造型的基础上,根据局部配件逐一完成。先通过使用"线"的工具创建出模型的骨架轮廓,再通过使用"曲面"或"实体"的工具创建出模型的结构造型。

在建模过程中,2D 旋转、多边形、挤出曲线、移动、修剪、环形阵列、布尔运算等工具命令是本案例的学习重点。其中利用修剪和环形阵列创建出摇铃镂空结构的操作尤为实用有效,需要读者掌握后灵活运用。建模完成后的渲染操作,读者应首先对该产品进行分析理解,再进行效果表现。

【建模步骤】

● Step 1　创建摇铃球体造型

点选【新建文件】打开模板文件,选择"小模型—毫米",确定后打开新建文件。使用【建立实体】下拉【球体】工具(如图 2-4-1 所示),在 Top 视角中,输入起始点坐标"0,0"(如图 2-4-2 所示),从坐标原点出发进行建模,接着输入球体的直径值为"65",完成球体的创建(如图 2-4-3 所示)。从 Perspective 视角的图中可以清晰地看到一条加粗接缝线,目前为球体竖直居中的位置,使用【2D 旋转】工具(如图 2-4-4 所示),在 Right 视角进行旋转调整(如图 2-4-5 所示)。

> **操作要点:**
> 调整接缝线,在建模过程中非常重要。由于在对模型的细节进行修剪操作时,涉及接缝线的曲面会被自然分割开来,所以必须在理解造型结构后,对接缝线进行合理的调整。本步骤中将接缝线调整为球体水平居中的位置(如图 2-4-6 所示)。

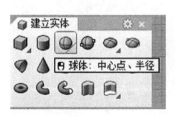

图 2-4-1

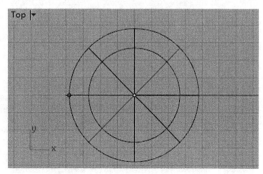

图 2-4-2

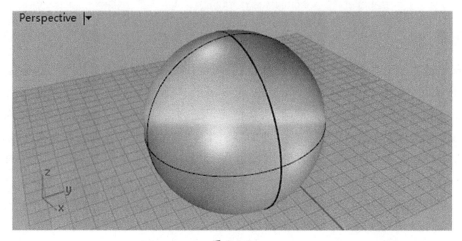

图 2-4-3

图 2-4-4

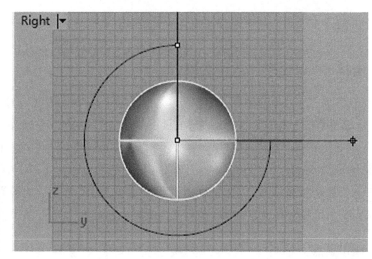

图 2-4-5

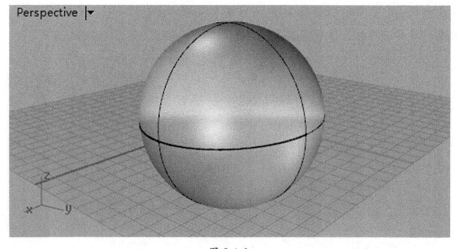

图 2-4-6

● Step 2 分割成半球体

使用【直线】下拉工具【直线】（如图 2-4-7 所示），开启锁定格点，在 Front 视角中，在球体的水平居中位置绘制一条直线（如图 2-4-8 所示）。使用【分割】（如图 2-4-9 所示），通过这条直线，将球体平均分割成两个半球（如图 2-4-10 所示）。使用【隐藏物件】工具，将下半部分球体进行隐藏（如图 2-4-11 所示）。

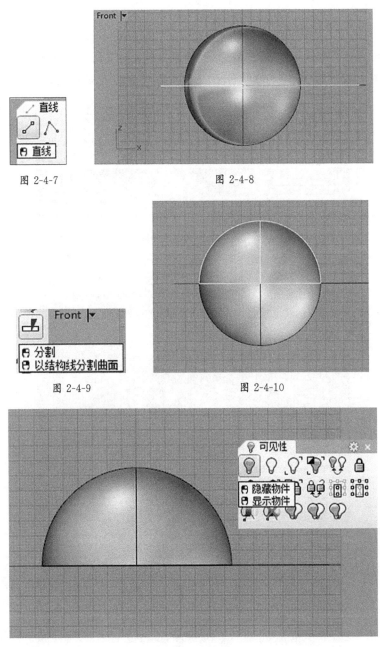

图 2-4-7　　　　　　　　　　　图 2-4-8

图 2-4-9　　　　　　　　　　　图 2-4-10

图 2-4-11

操作要点：

1. 绘制直线时，必须合理利用物件锁点进行定位，确保其位于中线位置；

2. 由于在创建模型细节的过程中，上半部分球体的造型与下部分球体造型几乎完全一致（只是将方向进行调整），所以下半部分球体本可以直接删除，通过镜像复制上半部分即可，但为了确保建模过程的稳妥进展，在此还是选择将其隐藏，以备后用。

● Step 3　创建六边形缺口造型

选择 Top 视角，使用【多边形：中心点、半径】（如图 2-4-12 所示），在球体顶部中心处绘制六边形，设置多边形的边（即为六边形半径）为"7"，打开正交，完成创建（如图 2-4-13 所示）。

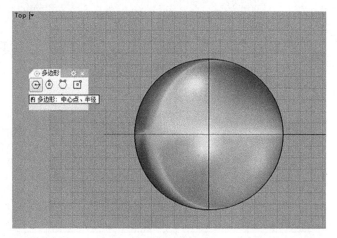

图 2-4-12

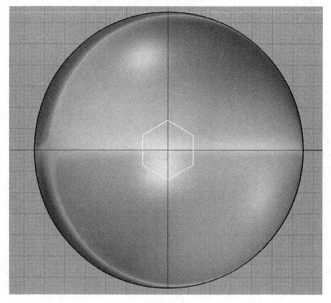

图 2-4-13

使用【曲线工具】下拉【全部圆角】工具,选取多边形,设置适当的倒角值,将其进行全部倒角(如图 2-4-14 所示)。使用【修剪】工具(如图 2-4-15 所示),使用多边形曲线将球体中间部分进行修剪去除(如图 2-4-16 所示)。

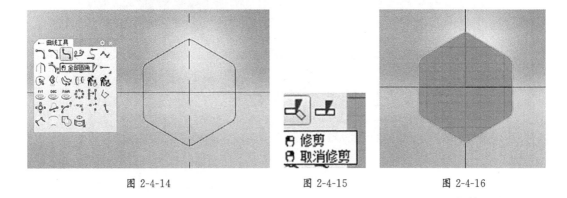

| 图 2-4-14 | 图 2-4-15 | 图 2-4-16 |

操作要点:

1. 将多边形倒角这一步骤是承上启下的关键操作,因为这一步首先对还是在直线阶段的六边形进行了合理的倒角处理,进而影响到后续在曲面阶段,面与面之间整体边缘倒角的顺利产生,若没有此步骤,后面的操作也无法完成;

2. 如果在 Top 视角对六边形调整起来比较费劲,可以直接通过点选 Top 图标右侧三角→设置视图→Bottom,将其设置为 Bottom 视角,六边形就会清楚呈现,便于操作。

使用【建立实体】下拉【挤出封闭平面曲线】工具,选取六边形边缘线向下创建出一定深度的挤出曲面(如图 2-4-17 所示)。使用【曲面工具】下拉【曲面圆角】工具,对多边形边缘线相交的两个曲面进行选取,创建出圆角值为"0.5"的曲面倒角(如图 2-4-18 所示)。

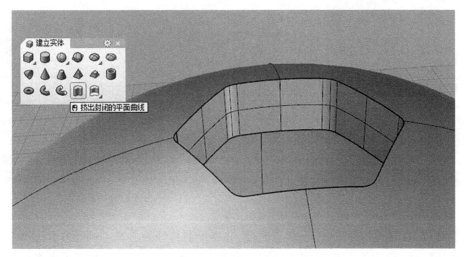

图 2-4-17

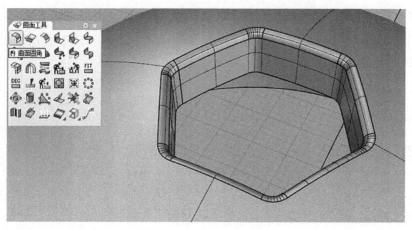

图 2-4-18

● Step 4　创建侧面缺口造型

使用【直线】工具(如图 2-4-19 所示),在 Front 视角半球体的旁边绘制一条竖线,打开锁定格点,以水平线向上一定距离为起点绘制"24"毫米长的直线,输入"r24＜90",完成直线创建(如图 2-4-20 所示)。

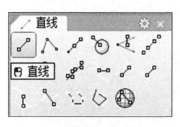

图 2-4-19

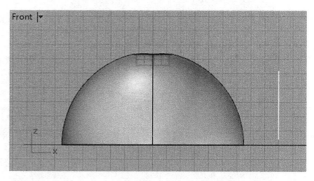

图 2-4-20

使用【圆:直径】从直线的两个端点出发,分别绘制直径为 7 和 10 的圆(如图 2-4-21 所示)。使用【直线】下拉【直线:与两条曲线正切】工具,绘制与两个圆相切的两条对称直线

（如图 2-4-22 所示）。使用【修剪】工具将多余的中间曲线去除，并使用【组合】工具将分开的曲线进行合并（如图 2-4-23 所示）。

> **操作要点：**
> 1. 这个闭合的多重曲线是为下一步创建球体中间的镂空结构所做的截面线；
> 2. 可在球体旁边绘制曲线，因为这样没有干扰，较为方便。

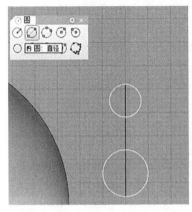 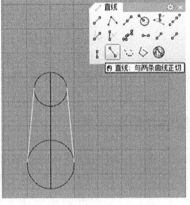 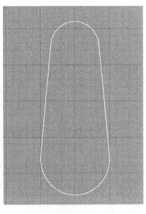

图 2-4-21　　　　　　　　　　图 2-4-22　　　　　　　　　　图 2-4-23

使用【变动】下拉【移动】工具，打开四分点捕捉曲线顶点，打开正交，将曲线水平移动到球体中间位置，并调整上下位置（如图 2-4-24 所示）；在 Top 视角使用【2D 旋转】工具（如图 2-4-25 所示），分别复制出两条曲线，设置旋转角度分别为"60°"和"120°"（如图 2-4-26 所示）。

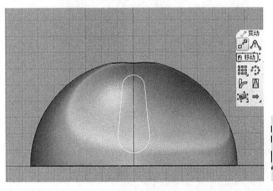   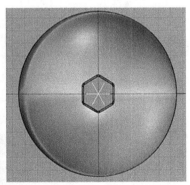

图 2-4-24　　　　　　　　　　图 2-4-25　　　　　　　　　　图 2-4-26

● Step 5　选取截面修剪周围缺口

选取其中一条截面曲线，使用【修剪】工具，在 Perspective 视角对球体前后相应位置分别进行镂空修剪（如图 2-4-27 所示）。使用相同的方法，通过点击鼠标右键移动，边旋转边修剪出其余镂空面，完成围绕半球体一圈 6 个镂空面的创建（如图 2-4-28 所示）。

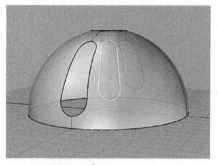

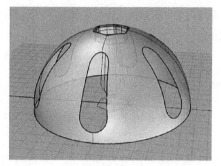

图 2-4-27　　　　　　　　　　　　　　　　图 2-4-28

操作要点：

修剪时使截面对应正前方位置，进行两次修剪，完成前后缺口创建。

● Step 6　创建周围缺口造型细节

点选一条镂空边缘线，在 Right 视角使用【挤出封闭的平面曲线】（如图 2-4-29 所示），在命令栏选择："方向""两侧（否）""实体（否）"模式，从基本垂直于球体外轮廓的角度向内挤出曲面（如图 2-4-30 所示），完成一定深度的侧面曲面（如图 2-4-31 所示）。在 Top 视角，使用【阵列】下拉【环形阵列】工具，选取刚刚创建的曲面，点选中心点为旋转中心，设阵列个数为"6"个，完成阵列的创建（如图 2-4-32 所示）。

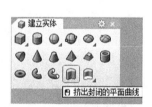

图 2-4-29

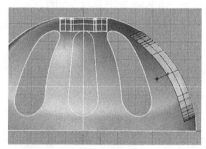

图 2-4-30

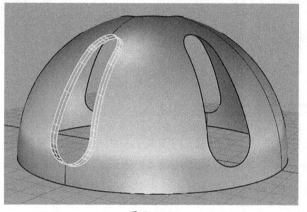

图 2-4-31

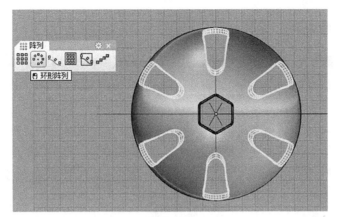

图 2-4-32

使用【曲面圆角】工具，将六个曲面接缝进行适当的曲面倒角（如图 2-4-33 所示）。

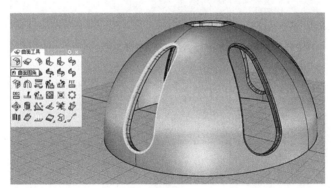

图 2-4-33

使用着色模式显示（如图 2-4-34 所示）。

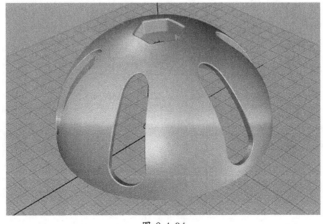

图 2-4-34

● **Step 7　编辑局部造型图层**

开始继续建模之前,先做阶段性的整理工作。点选【编辑图层】工具(如图 2-4-35 所示),先创建出 3 个图层:线、上半球体、下半球体。并分别用色彩进行区分(如图 2-4-36 所示)。

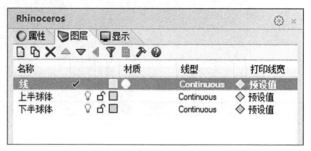

图 2-4-35　　　　　　　　　　　　　　　　图 2-4-36

调整后将暂时不用的辅助线归入线图层,并隐藏,将上半球着色(如图 2-4-37 所示)。

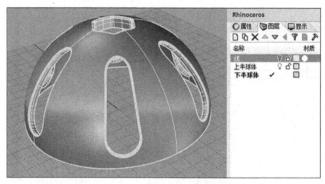

图 2-4-37

● **Step 8　创建下半部分球体**

使用【镜像工具】选取中心点位置,镜像复制出下半部分球体(如图 2-4-38 所示)。

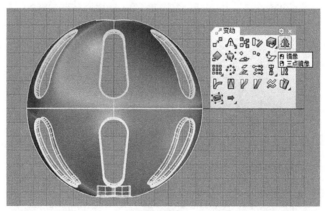

图 2-4-38

选取下半部分,在 Top 视角进行【2D 旋转】,旋转角度设为 30°(如图 2-4-39 所示),并将下半部分归入对应图层,颜色相应就发生改变(如图 2-4-40 所示)。

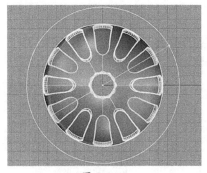

图 2-4-39 　　　　　　　　　　　　　图 2-4-40

● Step 9　创建手柄大体造型

使用【直线】工具,开始绘制摇铃的手柄中轴线,设长度为 87(如图 2-4-41 所示)。接着,继续绘制手柄的一侧轮廓线,通过多重曲线分段逐步绘制完成,并通过控制点进行修改调整(如图 2-4-42 所示),将中轴线与轮廓线组合,完成半边截面创建(如图 2-4-43 所示)。

操作要点:

1. 中轴线的上端点位于球体底部位置;

2. 轮廓线须与中轴线端点相交。

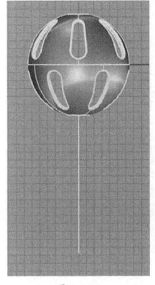
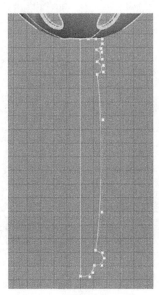
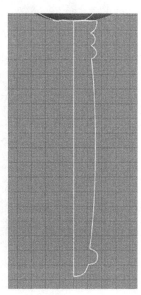

图 2-4-41 　　　　　　　　　图 2-4-42 　　　　　　　　　图 2-4-43

使用【建立曲面】下拉【旋转成形】工具（如图 2-4-44 所示），选取截面线并沿着中轴线进行 360°旋转成形（如图 2-4-45 所示），绘制完成后将其设为手柄图层，改为黄色（如图 2-4-46 所示）。

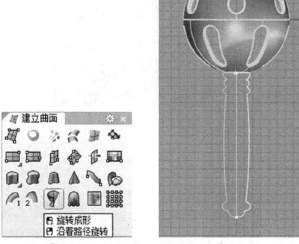

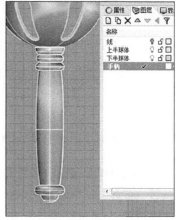

图 2-4-44   图 2-4-45   图 2-4-46

● Step 10   创建手柄细节（一）

使用【椭圆：直径】工具，在手柄边缘绘制一个细长的椭圆（如图 2-4-47 所示），使用【旋转成形】工具，沿着其竖直中轴线，旋转 360°成形（如图 2-4-48 所示）。

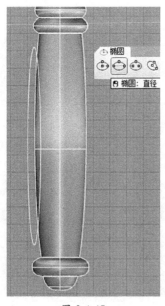

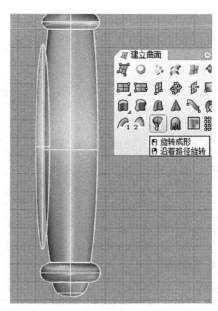

图 2-4-47   图 2-4-48

在 Bottom 视角（Top 视角调整得到）使用【环形阵列】工具，将创建的椭圆实体沿着手柄中心点进行环形阵列，阵列个数为"4"个（如图 2-4-49、图 2-4-50 所示）。

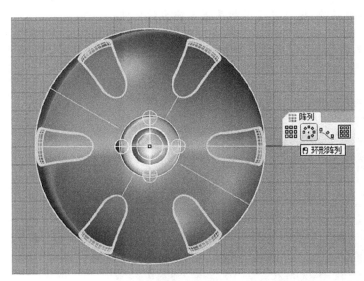

图 2-4-49　　　　　　　　　　　　　　　　　图 2-4-50

使用【实体工具】下拉【布尔运算差集】工具，将其从手柄上去除，留下 4 处下凹的结构（如图 2-4-51 所示），进而使用【实体】工具下拉【不等距边缘圆角】将这些边缘进行倒角值为"0.5"的处理（如图 2-4-52 所示）。

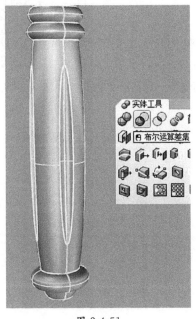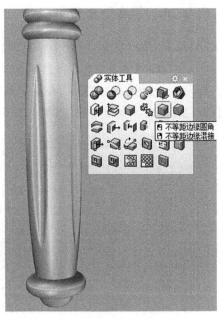

图 2-4-51　　　　　　　　　　　　　　　　　图 2-4-52

操作要点：

1. 随着建模步骤不断深入，应在过程中及时使用图层编辑工作分配各局部的图层，以便于归纳和继续创建模型；

2. 此部分为手柄的造型细节，同时具有增加手握摩擦力的功能。

使用【2D 旋转】工具将手柄在 Bottom 视角进行 45°旋转（如图 2-4-53 所示），调整造型位置。

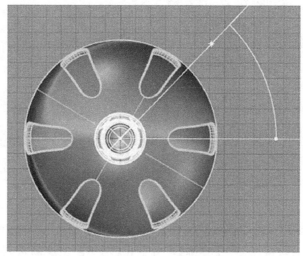

图 2-4-53

● Step 11　创建手柄细节（二）

使用【矩形：角对角】工具在手柄下部位置，居中绘制一个矩形（如图 2-4-54 所示），使用【修剪】工具将前部的曲面去除，留下一个开口（如图 2-4-55 所示）。使用【直线】工具，在底部相应位置绘制一条水平直线（如图 2-4-56 所示），使用【修剪】工具将手柄下口去除（如图 2-4-57 所示）。

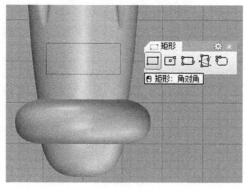

图 2-4-54

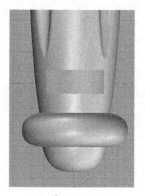

图 2-4-55

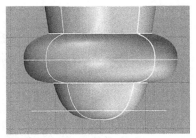
图 2-4-56

图 2-4-57

操作要点：

此步骤是为了创建手柄的"口哨"功能细节，创建过程中需要读者不断思考创建结构的原因。

● Step 12　创建手柄细节（三）

在 Top 视角将手柄之上的球体全部隐藏，使用【多边形】工具在手柄顶部中心位置，绘制一个半径为 7 的六边形（与 Step 3 中六边形一致）（如图 2-4-58 所示）。使用【建立实体】下拉【挤出封闭的平面曲面】工具，将六边形向上拉出一定的距离，创建出一个实体（如图 2-4-59 所示）。

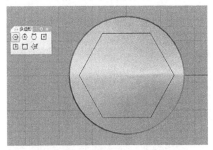
图 2-4-58

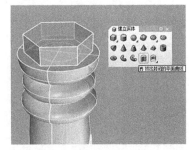
图 2-4-59

在 Right 视角通过【复制】在创建出的六边形上面创建出另一个六边形实体，并使用【缩放】下拉【单轴缩放】工具进行高度的缩短（如图 2-4-60 所示）。在 Top 视角继续使用【缩放】下拉【二轴缩放】工具（如图 2-4-61 所示），将上面的六边形横截面放大（如图 2-4-62 所示），完成操作。

图 2-4-60

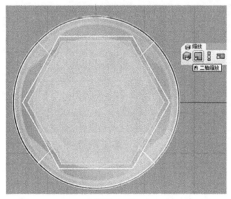

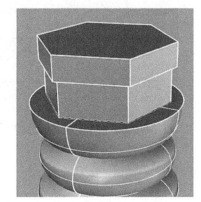

图 2-4-61 图 2-4-62

在 Front 视角,使用【多重直线】工具在中间位置绘制一个 V 形曲线(如图 2-4-63 所示),并使用【修剪】工具,将中间部分修剪去掉(如图 2-4-64 所示)。

操作要点:

手柄顶部 V 形开口是为了扣入球体底部卡口处(调转球体,上下两端都可进行卡扣),V 形开口通过开合固定上端球体结构(如图 2-4-65 所示)。

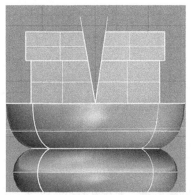

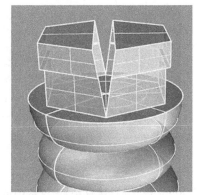

图 2-4-63 图 2-4-64

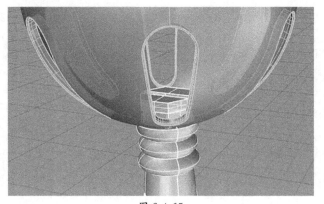

图 2-4-65

● Step 13 创建"铃铛"球体

首先调整手柄各部分细节的图层,接着显示之前隐藏的上端球体,观察其衔接结构是否契合。

使用【球体:中心点、半径】工具,创建一个直径为"16"的小球(如图 2-4-66 所示),在球体中间绘制一个矩形,并使用【修剪】工具将其进行镂空修剪(如图 2-4-67 所示)。使用【编辑图层】(如图 2-4-68 所示),新建小球的图层及颜色,并将小球归入该图层(如图 2-4-69 所示)。最后创建最小的球,设直径为"2",并归入相应的图层(如图 2-4-70 所示)。

> **操作要点:**
> 修剪球体时,前、后矩形缺口都要修剪去除。

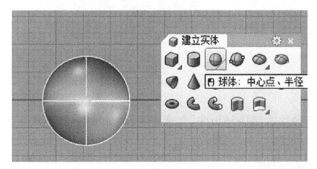

图 2-4-66

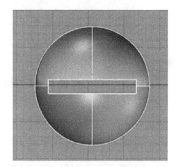

图 2-4-67

图 2-4-68

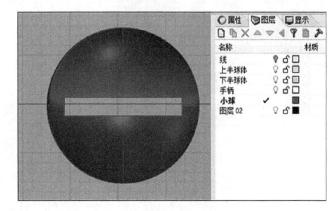

图 2-4-69

图 2-4-70

● **Step 14　调整"铃铛"位置**

将上一步创建的摇铃"铃铛"调整到玩具中间位置（如图 2-4-71 所示），整个模型终于创建完成（如图 2-4-72 所示），保存模型于犀牛软件中。

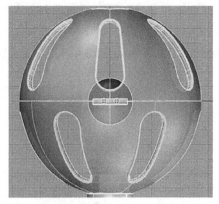 

图 2-4-71　　　　　　　　　　　　　　　图 2-4-72

● **Step 15　摇铃玩具渲染后期处理**

打开渲染软件 KeyShot 5，将模型导入渲染环境中（如图 2-4-73 所示），使用塑料材质球（Plastic），并逐一选取适合的材质（如图 2-4-74 所示）。

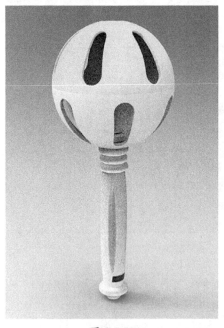 

图 2-4-73　　　　　　　　　　　　　　　图 2-4-74

点选已经附着在模型上的材质，继续对其进行色彩及光泽度的修改调整（如图 2-4-75 所示），并调整"环境"，设置各个参数（如图 2-4-76 所示）。

操作要点：

1. 通过点开"漫反射"颜色进行色彩调整；

2. 通过移动"粗糙度、折射指数"等参数条进行各个属性调整。

图 2-4-75

图 2-4-76

摇铃玩具模型经过渲染后，呈现的最终效果如图 2-4-77 所示，渲染效果图被保存在默认路径下。

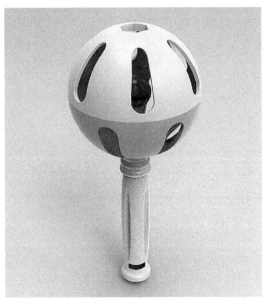

图 2-4-77

至此，摇铃玩具的建模及后期处理的操作过程演示完成。

案例五

［章鱼衣架］

【实例概述】

　　本实例讲解了章鱼造型的衣架设计过程,该设计过程主要运用了修剪、控制点曲线、分割、偏移曲线、旋转成形、偏移曲面、圆管、布尔运算、直线挤出、2D 旋转、直线、延伸曲线、调整控制点、显示隐藏、复制、环形阵列等工具命令,建模在把握整体造型的基础上,根据局部配件逐一完成。先通过使用“线”的工具创建出模型的骨架轮廓,再通过使用“曲面”或“实体”的工具创建出模型的结构造型。

　　在建模过程中,控制点曲线、偏移曲线、偏移曲面、直线挤出、布尔运算、延伸曲线、调整控制点等工具命令,是本案例的学习重点。其中利用调整控制点创建衣架的曲线结构的操作尤为实用有效,需要读者掌握后灵活运用。建模完成后的渲染操作,读者应首先对该产品进行分析理解,再进行效果表现。

【建模步骤】

● Step 1　创建衣架主体(一)

　　点选【新建文件】打开模板文件,选择“小模型—毫米”,确定后打开新建文件。使用【直线】工具,从坐标原点出发,输入“r190＜270”,绘制长度为“190”毫米的衣架主干中轴线(如图 2-5-1 所示),并调整格线的数目为“500”。进而使用【圆:直径】工具,利用中轴线绘制圆,即以直线下端点处为起点,方向向上绘制出直径为“90”的圆(如图 2-5-2 所示)。

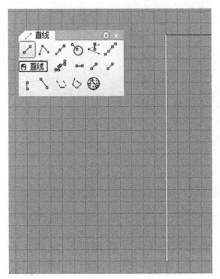

图 2-5-1

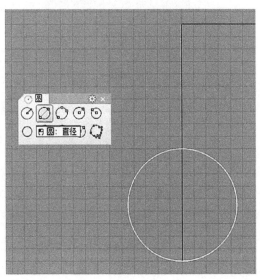

图 2-5-2

继续使用【圆：直径】工具，在直线上端绘制出直径为"60"的圆（如图 2-5-3 所示）。使用【直线】工具，在两个圆的水平直径位置绘制出两条直线（如图 2-5-4 所示）。

> **操作要点：**
> 1. 调整格线数，可使模型创建在网格线范围内，便于参考位置；
> 2. 在创建衣架主干的步骤中，需要根据造型本身的分模线，将整体模型分成几个局部逐一建模，在曲面的创建过程中，首先需要绘制必要的辅助线。

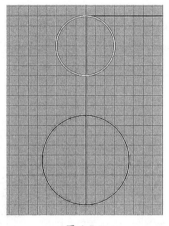
图 2-5-3

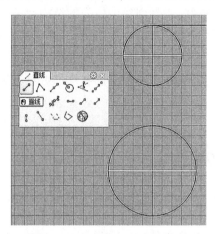
图 2-5-4

选取创建的线条与圆，使用【修剪】工具，将部分圆修剪掉（如图 2-5-5 所示）。使用【控制点曲线】工具，在一侧绘制出衣架主干的轮廓曲线（如图 2-5-6 所示）。

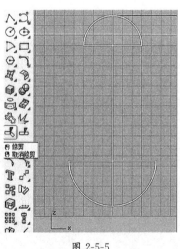
图 2-5-5

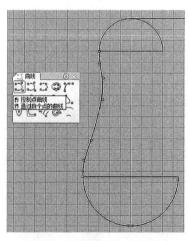
图 2-5-6

按 F10 打开控制点调整曲线，在调整上下两个次点位置时，应遵循曲率关系进行调整，保证轮廓线流畅（如图 2-5-7、图 2-5-8 所示）。曲线调整完后按 F11 关闭控制点（如图 2-5-9 所示）。

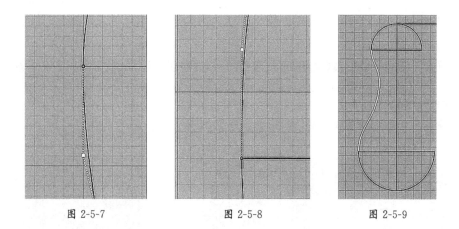

图 2-5-7   图 2-5-8   图 2-5-9

使用【直线】在中轴位置绘制长度为"58"的直线（如图 2-5-10 所示），并在其上端点水平绘制一条横线（如图 2-5-11 所示）。

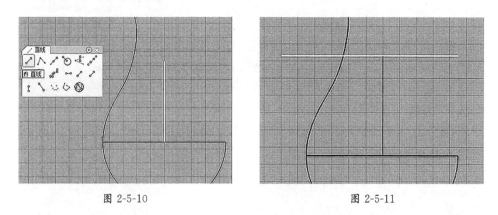

图 2-5-10   图 2-5-11

使用【分割】工具，用直线对轮廓曲线进行分割，并使用【镜像】，对称镜像右侧轮廓线（如图 2-5-12 所示）。然后选取相连三段曲线，使用【组合】工具进行组合（如图 2-5-13 所示）。

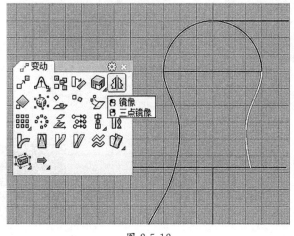

图 2-5-12

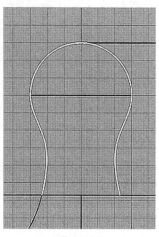

图 2-5-13

使用【偏移曲线】工具,将这条外轮廓曲线向内偏移距离"1.5"(如图 2-5-14 所示),创建另外一条曲线。

将两条曲线的接口通过【直线】工具进行闭合,并将整个截面组合(如图 2-5-15 所示)。

操作要点:

偏移后,通过【修剪】工具,将内、外两条曲线剪齐。

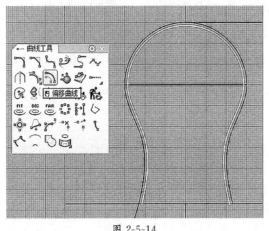

图 2-5-14

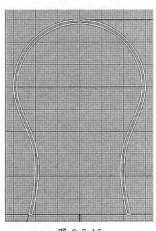

图 2-5-15

使用【旋转成形】工具,将截面进行 360°旋转(如图 2-5-16 所示)。

衣架主干上半部分创建完成(如图 2-5-17 所示)。

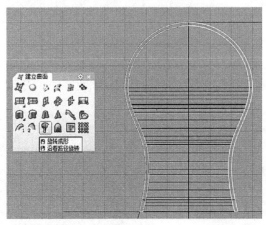

图 2-5-16

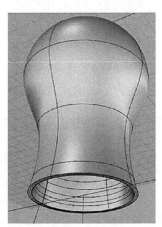

图 2-5-17

● Step 2 创建衣架主体(二)

使用之前的方法,偏移曲线完成下半部分截面绘制,闭合截面后(如图 2-5-18 所示),使用【旋转成形】工具,将其进行 360°旋转成形,完成底部实体曲面创建(如图 2-5-19 所示)。

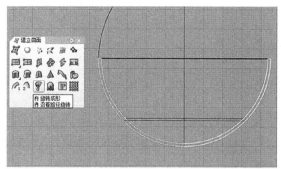

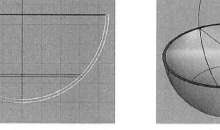

图 2-5-18 图 2-5-19

通过【旋转成形】工具,直接将中间段的曲线 360°旋转成曲面(如 2-5-20 所示),此时为整个实体上下相连的完整的曲面(如图 2-5-21 所示)。

操作要点:

中间部件的创建与上、下部不同,先创建出曲面(外表面),而非实体,因为后续要创建细节。

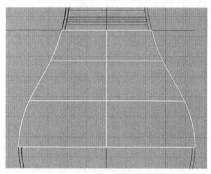

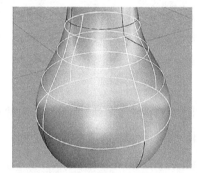

图 2-5-20 图 2-5-21

在 Front 视角,使用【矩形:角对角】工具,在曲面中间位置绘制一个竖直的长矩形(如图 2-5-22 所示)。在 Top 视角,使用【环形阵列】工具,对矩形在中心位置进行环形阵列,个数为"4"个,旋转角度为"135°"(如图 2-5-23 所示)。

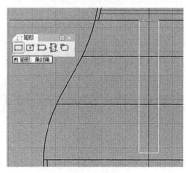

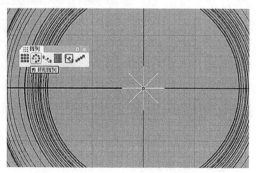

图 2-5-22 图 2-5-23

　　使用【修剪】工具,通过矩形,分别修剪去除在曲面四周的对应位置,使其被360°镂空去除8块曲面(如图2-5-24所示)。

> **操作要点:**
>
> 　　1. 边转边修剪,正对截面修剪;
>
> 　　2. 使用【编辑图层】工具,分别创建出各个部分的图层:衣架主干、衣架主干2、线等。并设置不同的色彩,将各部分归于对应图层,再进行局部隐藏,只显示中间镂空部分的曲面(如图2-5-25所示)。

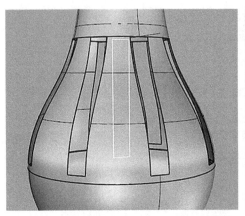

图 2-5-24

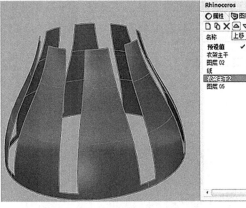

图 2-5-25

　　使用【偏移曲面】工具,向内进行实体偏移,偏移壁厚为"0.2"(如图2-5-26所示),显示整个主干部分的造型,在着色模式下的效果如图2-5-27所示。

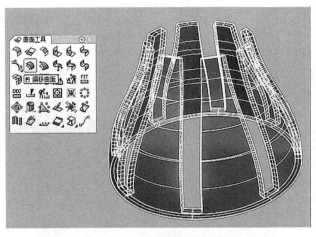

图 2-5-26

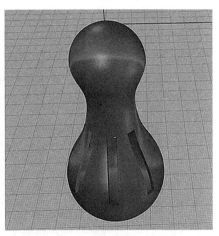

图 2-5-27

　　使用【实体倒角】工具,在分模线的位置进行"0.5"的倒角处理(如图2-5-28所示),使分模结构变得清晰明确(如图2-5-29所示)。

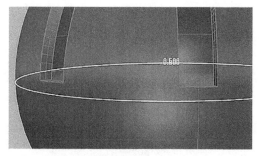

图 2-5-28

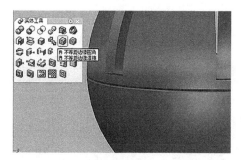

图 2-5-29

● Step 3　创建衣架挂钩

使用【直线】工具，从架身顶部端点出发，输入"r66＜90"，绘制出长度为"66"的挂钩的中线（如图 2-5-30 所示）。接着使用【圆：直径】工具，从直线上端点出发，向下绘制直径为 48 的圆（如图 2-5-31 所示）。

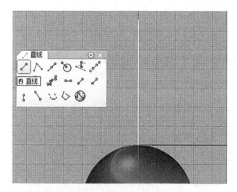

图 2-5-30

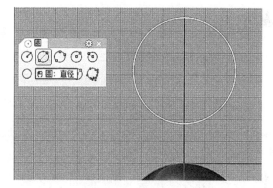

图 2-5-31

使用【直线】工具，在圆形中间绘制一条水平直线（如图 2-5-32 所示），选取全部圆与直线，使用【修剪】工具，剪成挂钩曲线（如图 2-5-33 所示），并使用【组合】工具进行组合。

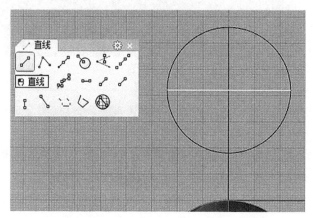

图 2-5-32

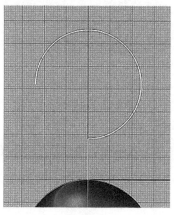

图 2-5-33

使用【曲线圆角】工具,在转折处完成倒角值为"6"的倒角(如图 2-5-34 所示)。

使用【圆管(圆头盖)】工具,创建截面直径为"8"的圆管挂钩造型(如图 2-5-35 所示)。

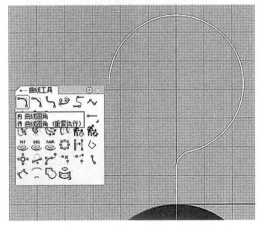 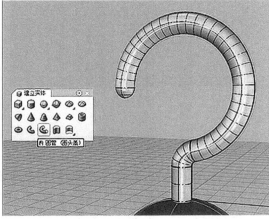

图 2-5-34   图 2-5-35

使用【复制】工具将挂钩实体进行复制,并通过【隐藏物件】工具选取其一进行隐藏(如图 2-5-36 所示)。使用【布尔运算差集】工具,创建出架身顶部的挂钩凹槽(如图 2-5-37 所示)。

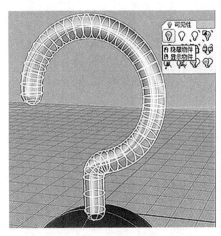 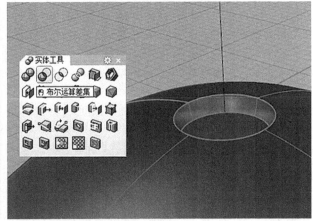

图 2-5-36   图 2-5-37

使用【直线】及【修剪】工具,对挂钩曲线进行适当的首尾修剪(如图 2-5-38、图 2-5-39 所示)。

使用【圆管:(圆头盖)】工具绘制出直径为"3"的圆管(如图 2-5-40 所示),并将其移动到与挂钩相交的左侧位置,再使用【镜像】工具,创建出另一侧来(如图 2-5-41 所示)。

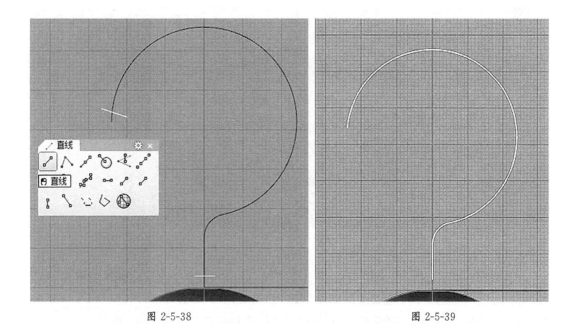

图 2-5-38　　　　　　　　　　　　　　　　图 2-5-39

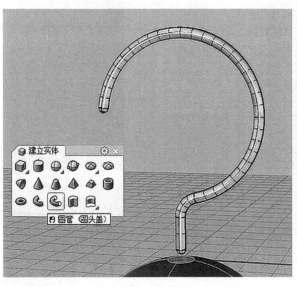

图 2-5-40

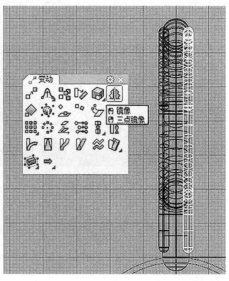

图 2-5-41

　　使用【布尔运算差集】将挂钩两侧的凹槽创建出来（如图 2-5-42 所示）。使用【编辑图层】对挂钩图层进行设置，并将挂钩归入该图层（如图 2-5-43 所示）。

> **操作要点：**
> 　　本应对两侧凹槽的边缘进行倒角处理，但在犀牛软件中对造型细节较复杂的边缘进行倒角处理时常会出错，故此步骤无法进行倒角处理。

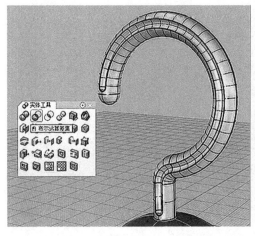
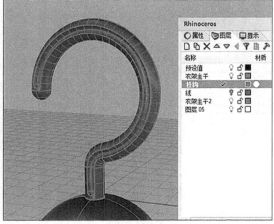

图 2-5-42   图 2-5-43

使用【圆柱管】工具，点选挂钩凹槽外边缘线，点选"两点"方式，设向外偏移距离为"2"，向上拉伸深度为"2"，完成挂钩基座创建（如图 2-5-44 所示）。使用【实体】工具下拉【不等距边缘圆角】对其上边缘进行倒角值为"1"的圆角处理（如图 2-5-45 所示）。

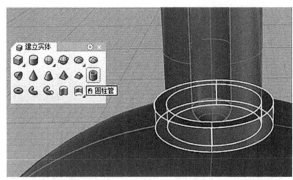

图 2-5-44   图 2-5-45

● Step 4　绘制"眼睛"

分别使用【椭圆】、【圆】和【镜像】工具，绘制出章鱼的"眼睛"（如图 2-5-46 所示）。

使用【移动】工具，将"眼睛"放置在衣架主干部中间位置（如图 2-5-47 所示）。

使用【分割】工具，将"眼睛"的线条从曲面中分割出来（如图 2-5-48 所示）。

使用【编辑图层】工具，将"眼白"部分归入"眼睛"的图层（如图 2-5-49 所示）。

操作要点：

1. "眼睛"中的圆在椭圆内，并且与椭圆边相切；

2. 以竖直线为镜像中轴线，按一定距离关系镜像出另一只"眼睛"。

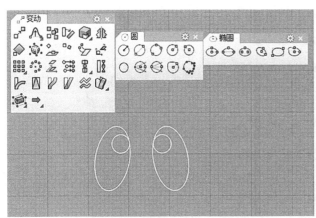

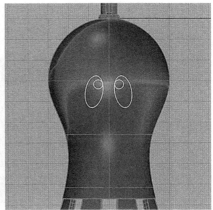

图 2-5-46 图 2-5-47

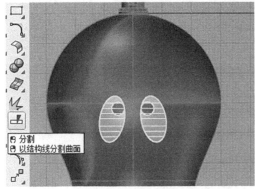

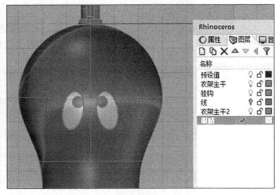

图 2-5-48 图 2-5-49

● Step 5 绘制"挂条"结构

使用【直线】工具,首先从衣架中部相应位置出发绘制出衣架挂条的参考直线,长度为180(如图 2-5-50 所示)。

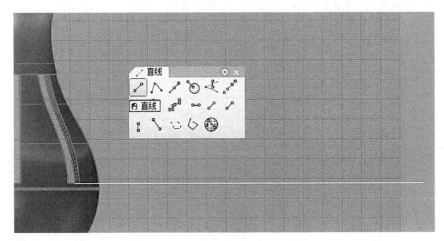

图 2-5-50

使用【控制点曲线】绘制出挂条的轮廓曲线,并打开控制点进行调整(如图 2-5-51 所示),保持曲线流畅,整体截面的宽度均匀适中。

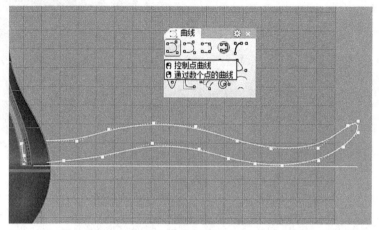

图 2-5-51

使用【直线挤出】工具,向两侧挤出距离为"1"的实体(如图 2-5-52 所示)。

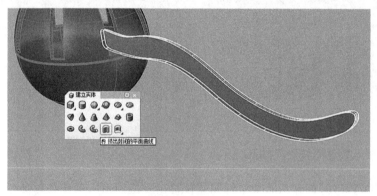

图 2-5-52

选取外轮廓曲线,使用【偏移曲线】向外偏移距离"1"(如图 2-5-53 所示)。

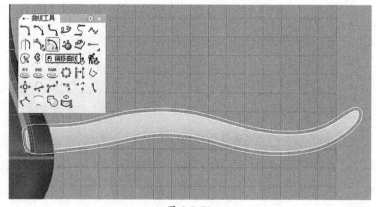

图 2-5-53

　　点选外轮廓线以及偏移出的曲线,使用【挤出封闭的平面曲线】工具向两侧偏移出距离为"2"的实体边框(如图 2-5-54 所示)。

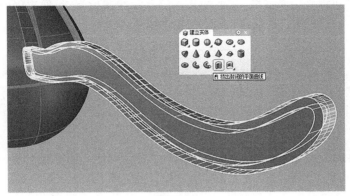

图 2-5-54

　　使用【实体】工具中【不等距边缘圆角】,将边框进行"0.2"的边缘倒角处理,模型着色模式显示如图 2-5-55 所示。

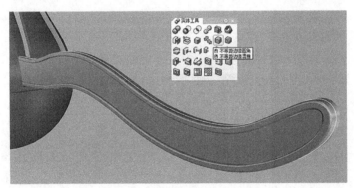

图 2-5-55

　　使用【编辑图层】工具,新建"挂条"图层并将此部分造型归入该图层(如图 2-5-56 所示)。

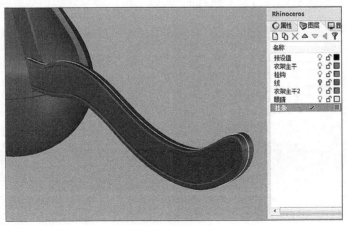

图 2-5-56

● **Step 6　完善"挂条"细节**

选取"挂条"边缘外轮廓曲线,在上端相应位置绘制两段直线,使用【分割】工具将其进行分割,为后续创建"上边条"作参照线(如图 2-5-57 所示)。

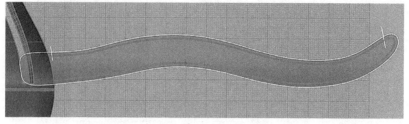

图 2-5-57

使用【挤出封闭的平面曲线】工具,将上边条进行曲面创建,两侧偏移距离"1.5"(如图 2-5-58 所示)。

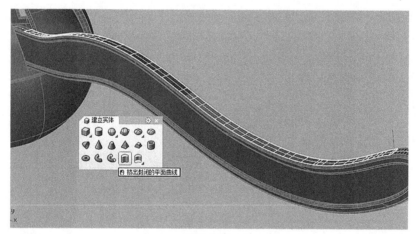

图 2-5-58

继续使用【偏移曲面】工具,向上偏移成"实体",距离为"1"(如图 2-5-59 所示)。

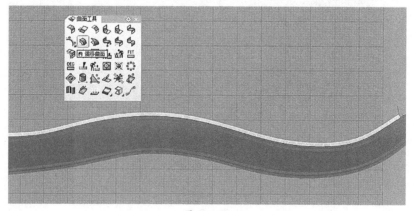

图 2-5-59

将上边条的前后两端进行倒角,使用【实体工具】下拉【不等距边缘圆角】工具,倒角值为"1.5"(如图 2-5-60 所示)。

操作要点:

每一步操作完成都应及时进行【图层编辑】和归类区分。

图 2-5-60

● Step 7   创建"挂钩"结构

使用【控制点曲线】工具,在挂条的相应位置上绘制出挂钩的轮廓线(如图 2-5-61 所示)。

通过【复制】及【2D 旋转】调整,通过"最近点"捕捉位置绘制出另一个挂钩的轮廓线(如图 2-5-62 所示)。

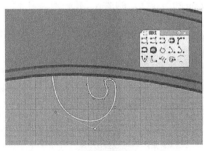

图 2-5-61   图 2-5-62

操作要点:

1. 通过绘制线段,使两个挂钩的截面闭合完整,并分别进行组合(如图 2-5-63 所示)。

2. 在绘制时使用【控制点曲线】工具,并通过调整控制点,使挂钩截面与挂条相交。

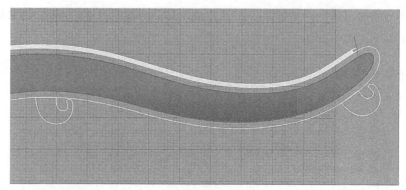

图 2-5-63

使用【挤出曲线】工具，将挂钩截面线向两侧挤出距离为"1"的实体造型（如图 2-5-64 所示）。

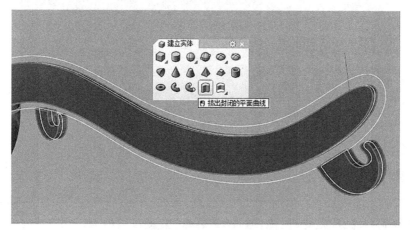

图 2-5-64

使用【实体倒角】工具，将挂钩两侧做"0.2"的倒角（如图 2-5-65 所示）。

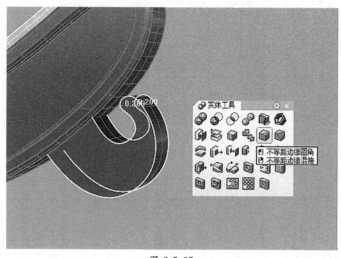

图 2-5-65

显示之前隐藏的"挂条"部分,使用【布尔运算联集】工具,将挂条与挂钩进行实体组合(如图 2-5-66 所示),并进行【图层编辑】。

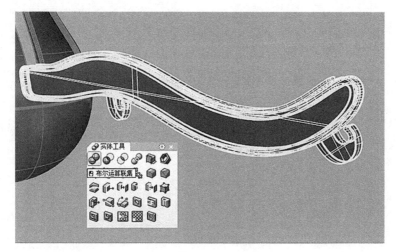

图 2-5-66

● Step 8 创建"夹子"结构

首先使用【直线】绘制出夹子的中轴线,长度为"50"(如图 2-5-67 所示);继续用【直线:从中点】工具绘制出夹子的上边,直线终点输入"14"(如图 2-5-68 所示),即宽度为"28"的水平线段。

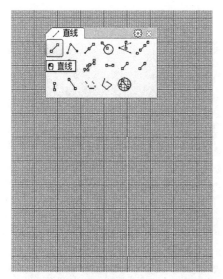

图 2-5-67

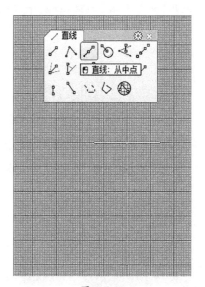

图 2-5-68

使用【直线:从中点】绘制出夹子的下边,直线终点输入"5"(如图 2-5-69 所示),即宽度为"10"的水平线。

使用【直线】工具，连接两条斜边（如图 2-5-70 所示）。

图 2-5-69

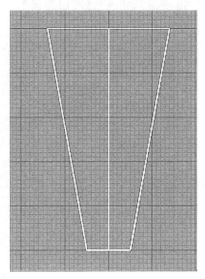

图 2-5-70

使用【直线】绘制出夹子中空部分的中轴线，长度为"20"（如图 2-5-71 所示）。使用【圆：直径】工具，从直线的上下两端出发，分别绘制出直径为"9"和"4"的两个圆（如图 2-5-72 所示）。

操作要点：

使用"智慧轨迹"捕捉，确定中轴线位置。

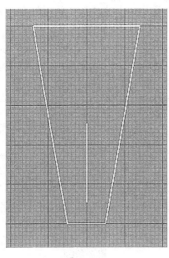

图 2-5-71

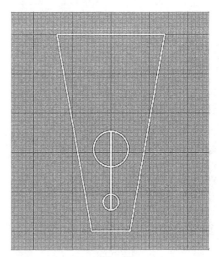

图 2-5-72

继续使用【直线：与两条曲线正切】工具，绘制出两条斜边（如图 2-5-73 所示）。使用【圆】以大圆顶点为圆心，绘制直径为"3"的小圆（如图 2-5-74 所示）。

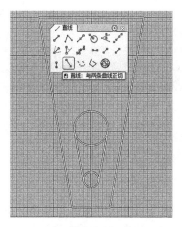

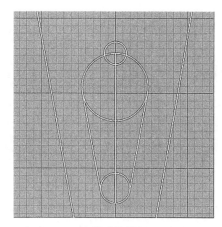

图 2-5-73　　　　　　　　　　　　　图 2-5-74

选取轮廓中间的直线、曲线，使用【修剪】工具，对多余线段进行修剪（如图 2-5-75 所示），然后将整个轮廓线进行组合。

使用【控制点曲线】绘制出半边的夹子内边曲线，接着使用【镜像】及【组合】工具，将整条曲线进行调整（如图 2-5-76 所示）。

操作要点：
使用"智慧轨迹"捕捉，并使用"正交"辅助创建出曲线。

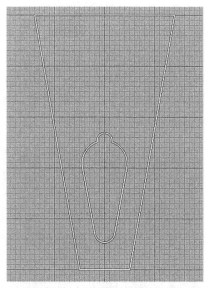

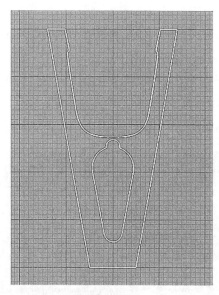

图 2-5-75　　　　　　　　　　　　　图 2-5-76

使用【多重直线】工具，绘制出锯齿形夹口线段（如图 2-5-77 所示）。使用【偏移曲线】以及【延伸曲线】工具，对线段进行两侧偏移距离"0.1"，并使用【延伸曲线】调整，创建出夹口缝隙（如图 2-5-78 所示）。

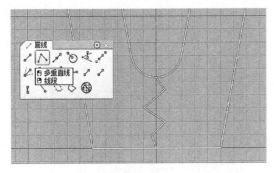

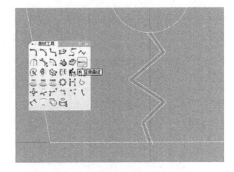

图 2-5-77

图 2-5-78

选取夹口处相关线段,使用【修剪】工具进行修剪调整并进行【组合】(如图 2-5-79 所示)。
使用【圆】绘制出夹子尾部装配弹簧的两个孔的截面(如图 2-5-80 所示)。

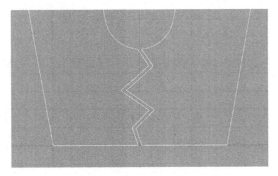

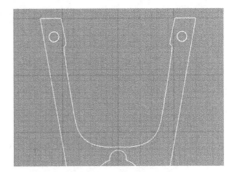

图 2-5-79

图 2-5-80

截面创建完成后,进行【2D 旋转】调整夹子方向,旋转 90°,在 Top 视角上与挂条成垂
直关系。

使用【挤出封闭的平面曲线】工具,向两侧挤出实体(如图 2-5-81 所示)。绘制对称的两
个用作修剪的截面(如图 2-5-82 所示),使用【挤出封闭的平面曲线】工具同样将其挤出实体
(如图 2-5-83 所示)。使用【布尔运算差集】进行夹子造型的实体修剪调整(如图 2-5-84 所示)。

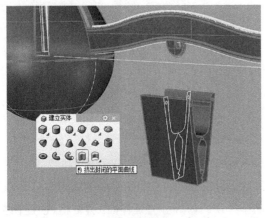

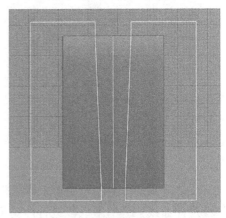

图 2-5-81

图 2-5-82

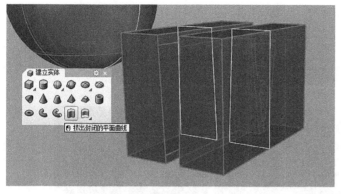

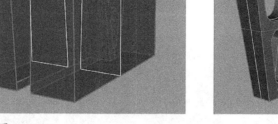

图 2-5-83   图 2-5-84

操作要点：

1. 修剪用的梯形截面大小应超过夹子的轮廓；

2. 挤出的厚度也应超过夹子实体的厚度，从而保证【布尔运算差集】能够完整修剪。

● Step 9　夹子的细节处理

使用【实体工具】下拉【不等距边缘圆角】工具，将夹子的边缘进行倒角处理，倒角值为"0.4"（如图 2-5-85 所示）。使用【椭圆：从中心点】工具，在夹子底部侧边绘制出增加摩擦的细节图形（如图 2-5-86 所示）。

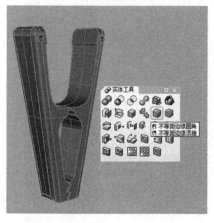

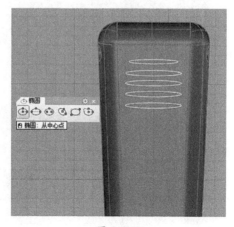

图 2-5-85   图 2-5-86

使用【旋转成形】逐一在摩擦细节处旋转建立实体（如图 2-5-87 所示）。使用【镜像】对称复制出另一侧摩擦细节（如图 2-5-88 所示）。

这样，一个完整的夹子就创建完成，将其在三维空间中的位置进行调整（如图 2-5-89 所示）。

操作要点：

1. 使用"智慧轨迹"进行捕捉，并对齐各位置；

2. 使用【布尔运算联集】进行夹子整体组合。

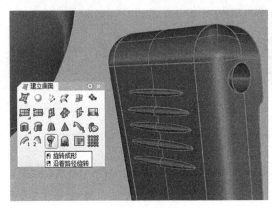

图 2-5-87

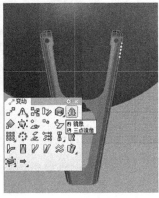

图 2-5-88

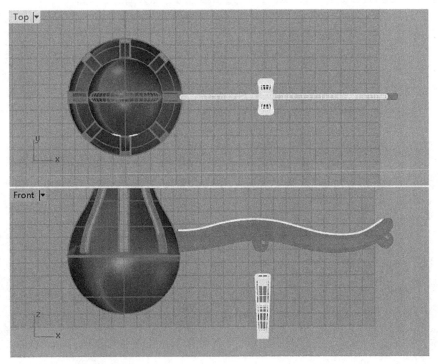

图 2-5-89

● **Step 10　创建"弹簧"结构(一)**

使用【控制点曲线】从夹孔处开始创建出部分的金属弹簧曲线(如图 2-5-90 所示)。打开控制点在 Right 视角进行曲线的调整(如图 2-5-91 所示)。

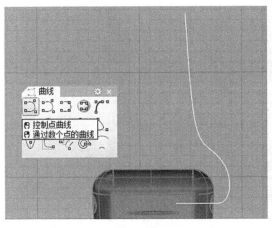

图 2-5-90

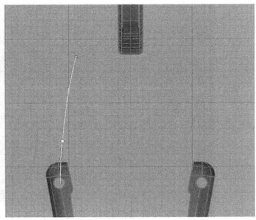

图 2-5-91

再次使用【镜像】,创建出另一侧的曲线线段(如图 2-5-92 所示)。

通过【弹簧线】工具,在挂钩处绘制出 3 圈弹簧线(如图 2-5-93 所示)。

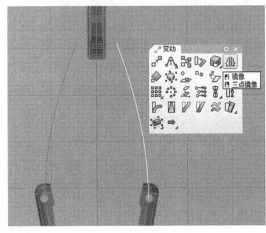

图 2-5-92

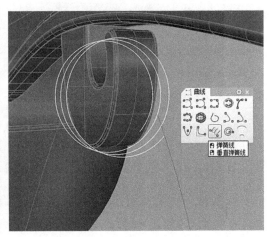

图 2-5-93

● **Step 11　创建"弹簧"结构(二)**

打开两个曲线的控制点,通过交点约束,将两侧分别与弹簧线相交(如图 2-5-94 所示)。

使用【修剪】及【组合】工具,将弹簧曲线进行组合(如图 2-5-95 所示)。

在 3 条曲线的接线处,打开控制点,通过对控制点的删减,将弹簧曲线调整得更为流畅(如图 2-5-96 所示)。使用【圆管(平头盖)】工具,创建出弹簧结构(如图 2-5-97 所示)。

> **操作要点:**
> 详细操作参照教学视频中的顺序。

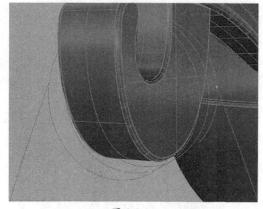

图 2-5-94

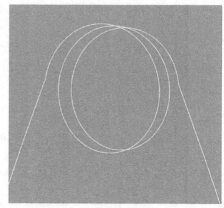

图 2-5-95

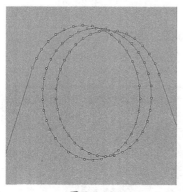

图 2-5-96

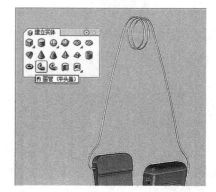

图 2-5-97

● Step 12　创建"挂条"活动轴结构

在挂条与主干的连接处,创建圆柱形活动轴(如图 2-5-98 所示)。对轴结构进行【复制】,并【隐藏】其一,通过【布尔运算差集】创建出挂条上的轴孔(如图 2-5-99 所示)。

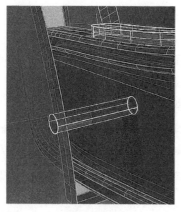

图 2-5-98

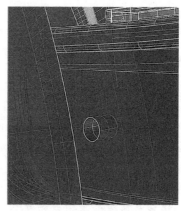

图 2-5-99

● Step 13　创建"夹子"及所有相同结构

使用【复制】，将夹子部分复制到另一个挂钩处（如图 2-5-100 所示）。

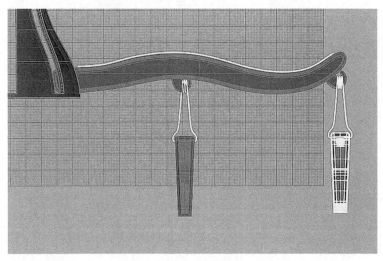

图 2-5-100

使用【环形阵列】工具，将一支完整的挂条及挂钩作为一个整体，按衣架的中心点进行环形阵列，个数为"8"个（如图 2-5-101 所示）。

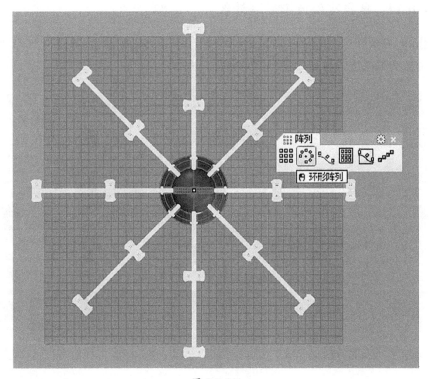

图 2-5-101

至此完成章鱼衣架的模型创建,在着色模式下的效果(如图 2-5-102 所示)。

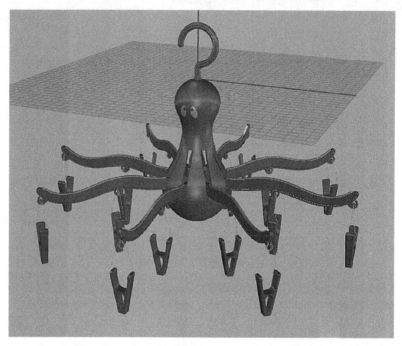

图 2-5-102

● Step 14 章鱼衣架渲染后期处理

将 Rhino 模型导入 KeyShot 渲染软件中(如图 2-5-103 所示)。通过对材质球的设置与取用,对各个部件进行材质替换(如图 2-5-104 所示)。

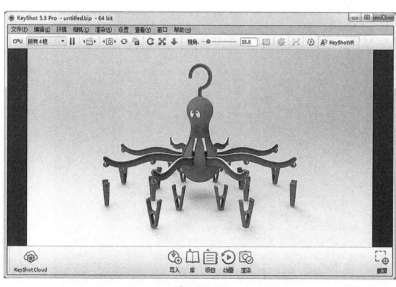

图 2-5-103

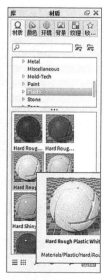

图 2-5-104

操作要点：

1. 将整个模型垂直向上移动，使其悬空于环境中；

2. 调整模型角度，使构图居中、饱满，环境光线适宜后再进行渲染。

章鱼衣架模型经过渲染后呈现的最终效果如图 2-5-105 所示。

图 2-5-105

至此，章鱼衣架的建模及后期处理的操作过程演示完成。

案例六

[洗发水瓶]

【实例概述】

本实例讲解了洗发水瓶的设计过程,该设计过程主要需要掌握椭圆,重建曲线,放样,将平面洞加盖,复制面的边框,二轴缩放,提取面的边框,以二、三或四个边缘曲线建立曲面,投影,偏移曲线,背景图—放置等工具命令。建模过程细节较多,在把握整体造型的基础上,根据局部配件逐一完成。在该案例中,通过投影,以二、三或四个边缘曲线建立曲面创建洗发水瓶身曲面的操作尤为重要,需要读者掌握后灵活运用。在建模完成后的渲染操作中,读者应掌握使用贴图的渲染技巧,运用该技巧可以进一步提升渲染效果表现的真实性。

【建模步骤】

● Step 1   创建洗发水瓶身大体造型

点选【新建文件】打开模板文件,选择"小模型—毫米",确定后打开新建文件。使用【直线】工具,在 Front 视角从坐标原点出发,输入"r212＜90",绘制竖直向上的洗发水瓶的中轴线(如图 2-6-1 所示)。继续使用【直线】工具,向左侧绘制出底宽"66"的轮廓直线与顶宽"56"的轮廓直线(如图 2-6-2 所示)。

> **操作要点:**
> 1. 绘制直线时开启"正交",以保证线处于水平或垂直关系;
> 2. 根据情况调大"格线"数,网格保证建模网络范围可以参考。

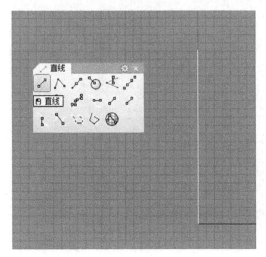

图 2-6-1

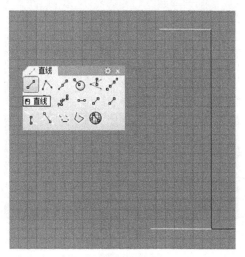

图 2-6-2

使用【椭圆：从中心点】工具，在 Perspective 视角下，在底部绘制椭圆，输入第一轴长半径为"21"，另一轴长以直线端点为"顶点"（如图 2-6-3 所示）。继续绘制出顶部椭圆，设第一轴长半径为"19"，另一轴长以直线端点为"顶点"（如图 2-6-4 所示）。

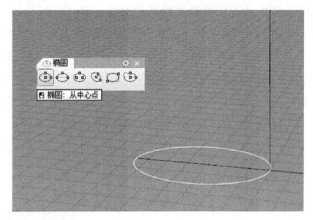
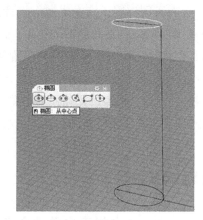

图 2-6-3   图 2-6-4

使用【椭圆：直径】工具，在直线的中点位置绘制长轴为"90"、短轴为"45"的椭圆（如图 2-6-5 所示）。点选三个椭圆，使用【重建曲线】工具，调整椭圆的控制点数量（如图 2-6-6 所示），将控制点调整为 3 阶 24 点（如图 2-6-7 所示）。

操作要点：

绘制的三个椭圆平行于"参考面"，与"Z"轴垂直。

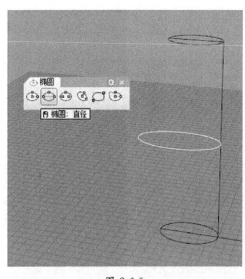
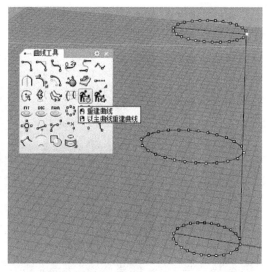

图 2-6-5   图 2-6-6

点选三个椭圆，按 F10 将控制点打开，选取椭圆右侧端点删除（如图 2-6-8 所示）。使用【移动】工具，分别搜索三个椭圆的右侧中点（删除端点后，中点依然存在）与直线相应水平位置的点重合（如图 2-6-9 所示）。

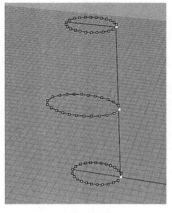
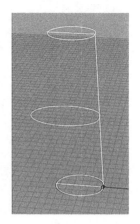

图 2-6-7   图 2-6-8   图 2-6-9

使用【放样】工具，依次选取三个椭圆，并调整放样起点的方向与位置，使其保持一致（如图 2-6-10 所示），放样完成洗发水瓶瓶身的大体曲面创建（如图 2-6-11 所示）。使用【将平面洞加盖】工具，将瓶身曲面变成实体（如图 2-6-12 所示）。

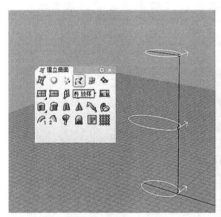
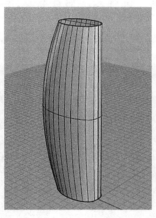
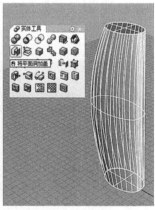

图 2-6-10   图 2-6-11   图 2-6-12

使用【控制点曲线】工具，在 Front 视角绘制出更为精确的瓶身左侧轮廓曲线（如图 2-6-13 所）。选取曲线，使用【投影曲线】在瓶身的正前方位置进行投影，得到投影在实体上的完整曲线（如图 2-6-14 所示）。

操作要点：

1. 在绘制曲线时，上下两端长度应略超出实体边缘，以保证投影时投影线的完整；

2. 在绘制曲线前，应先停用物件锁点，避免因自动锁定的点位，而使曲线在空间中偏离位置。

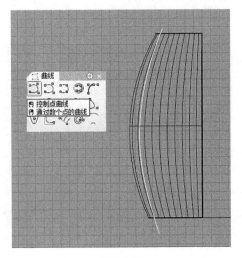
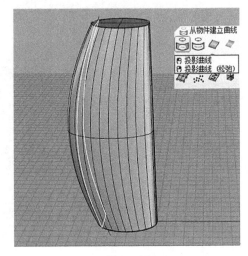

图 2-6-13　　　　　　　　　　　　　　　图 2-6-14

使用【炸开】工具,将投影曲线分开(如图 2-6-15 所示)。隐藏除投影线之外的部分,将投影线上下两段直线删除,使用【控制点曲线】在同样位置绘制两条曲线(如图 2-6-16 所示)。

操作要点:

使用【图层编辑】工具及时将各个部分分层,并在建模过程中隐藏暂时不需要显示的部分。

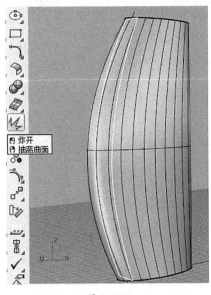
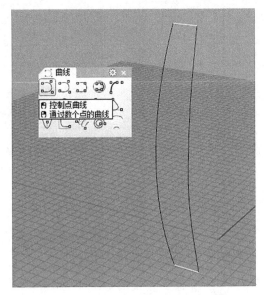

图 2-6-15　　　　　　　　　　　　　　　图 2-6-16

使用【重建曲线】工具(如图 2-6-17 所示),选取两条曲线,将控制点调整为 3 阶 4 点(如图 2-6-18 所示),按 F10 打开控制点,并在 Top 视角框选曲线的中间两点,向前正交拉动成弧线(如图 2-6-19 所示)。

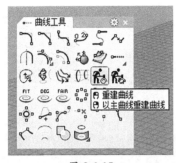

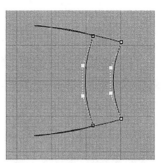

图 2-6-17　　　　　　　　　　图 2-6-18　　　　　　　　　　图 2-6-19

使用【建立曲面】下拉【以二、三或四个边缘曲线建立曲面】工具,依次点选四条边创建出曲面(如图 2-6-20 所示)。显示出之前隐藏的瓶身实体,点选曲面,使用【修剪】将瓶身在曲面之外的部分进行修剪,露出曲面(如图 2-6-21 所示)。将修剪后的瓶身与曲面进行【组合】,使用【不等距边缘圆角】工具,将瓶身相关的边缘进行圆角值为"2"的倒角(如图 2-6-22 所示)。完成倒角后,在着色模式下的效果如图 2-6-23 所示。

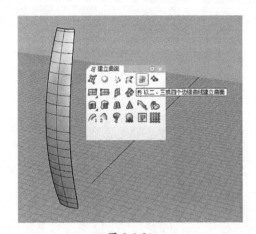

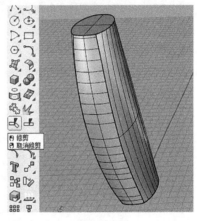

图 2-6-20　　　　　　　　　　　　　　　图 2-6-21

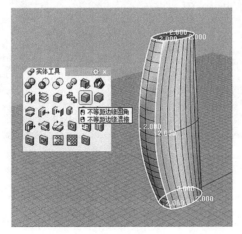

图 2-6-22　　　　　　　　　　　　　　　图 2-6-23

● Step 2　创建瓶口部分造型

使用【控制点曲线】工具，在 Front 视角瓶身上部相应位置绘制出一条曲线（如图 2-6-24 所示）。使用【分割】工具，通过曲线将瓶身分割成两部分（如图 2-6-25 所示）。

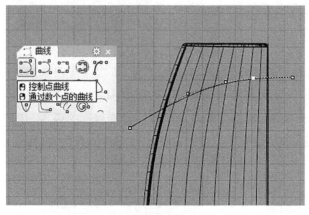

图 2-6-24

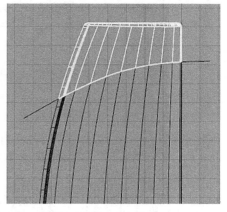

图 2-6-25

选取分割后的上半部分，使用【隐藏物件】工具将其隐藏（如图 2-6-26、图 2-6-27 所示）。

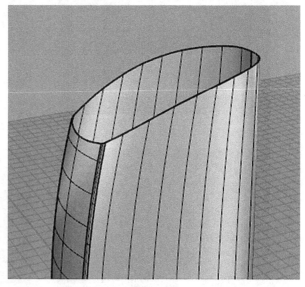

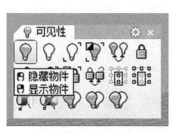

图 2-6-26

图 2-6-27

在 Top 视角中间位置，使用【圆：中心点、半径】工具绘制直径为"25"的圆（如图 2-6-28 所示），在 Front 视角，将其移动到瓶身上部的相应位置（如图 2-6-29 所示）。

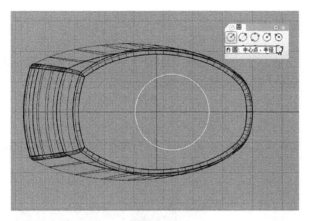

图 2-6-28

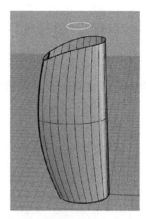

图 2-6-29

使用【多重直线】工具,在瓶口边缘绘制出轮廓线(如图 2-6-30 所示),使用【全部圆角】工具完成"0.1"的倒角(如图 2-6-31 所示)。

操作要点:

　　在绘制边缘轮廓线时,注意瓶口与瓶身的比例关系。

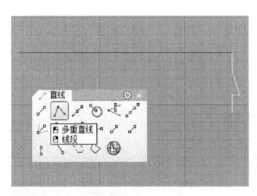

图 2-6-30

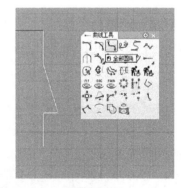

图 2-6-31

使用【旋转成形】工具,以圆心为轴,创建出瓶口曲面(如图 2-6-32、图 2-6-33 所示)。

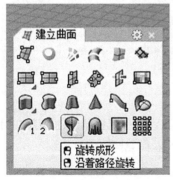

图 2-6-32

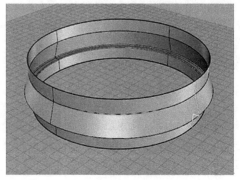

图 2-6-33

● Step 3　创建瓶口与瓶身衔接造型

使用【复制面的边框】工具，复制出瓶身上边框（如图 2-6-34 所示）。使用【移动】工具，在 Front 视角将复制的上边框向上移动一定的距离（如图 2-6-35 所示）。

操作要点：
　　首先提取出边框线，然后使用【炸开】工具，再选取一条完整的上边框后【组合】、【复制】该边框线。

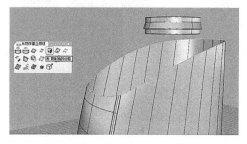

图 2-6-34

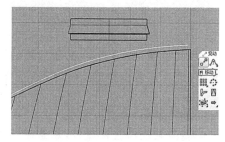

图 2-6-35

使用【二轴缩放】工具，在 Top 视角将边框线向内缩小一定的距离（如图 2-6-36 所示）。使用【直线】工具，绘制从边框线的端点到瓶口圆底边相应位置的直线（如图 2-6-37 所示）。

操作要点：
　　此部分创建顺序，亦可参照教学视频操作。

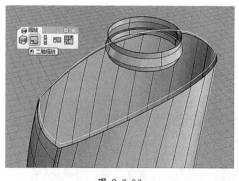

图 2-6-36

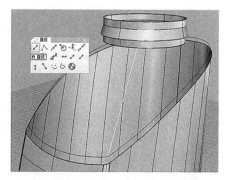

图 2-6-37

使用【镜像】工具，镜像出另一条线（如图 2-6-38 所示）。使用【控制点曲线】，在另一侧瓶身与瓶口轮廓中间位置绘制出连接两端点的曲线（如图 2-6-39 所示）。

使用【从网线建立曲面】工具，先点选两个边框曲线，再点选三条曲线创建曲面（如图 2-6-40、图 2-6-41 所示）。

图 2-6-38

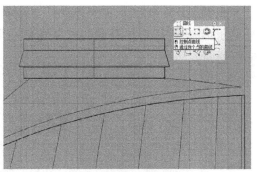

图 2-6-39

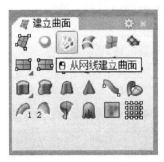

图 2-6-40

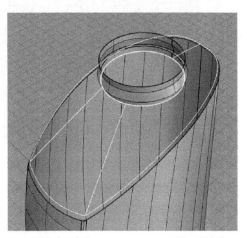

图 2-6-41

操作要点：

　　出现设置菜单后，将边缘设置调整为"松弛""位置"，预览效果后，完成曲面创建（如图 2-6-42 所示）。

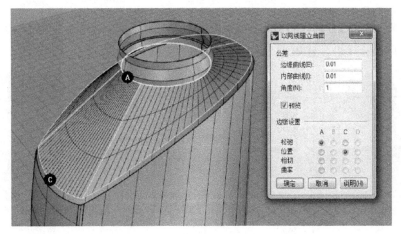

图 2-6-42

　　复制瓶身上的边框线，并向内进行二轴缩放（如图 2-6-43 所示）。

　　使用【放样】工具，将造型设置为平直区段（如图 2-6-44 所示），完成曲面创建（如图 2-6-45 所示）。

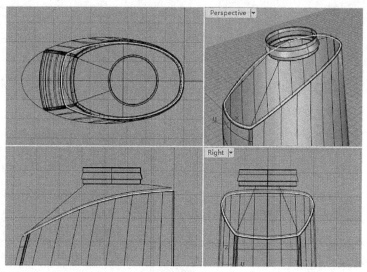

图 2-6-43

图 2-6-44

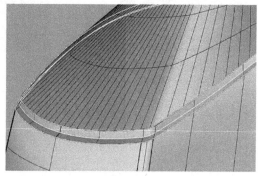

图 2-6-45

　　使用【曲面圆角】工具，将边缘进行倒角处理（如图 2-6-46 所示），倒角值可设为"0.2"。并将局部曲面进行【组合】（如图 2-6-47 所示）。

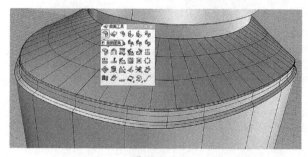

图 2-6-46

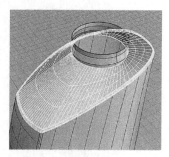

图 2-6-47

● Step 4   创建瓶口细节

使用【多边形：中心点、半径】工具，在 Right 视角绘制等边三角形，多边形的角距离为"5"（如图 2-6-48 所示）。

使用【镜像】工具，再在另一侧同样的位置完成复制（如图 2-6-49 所示）。

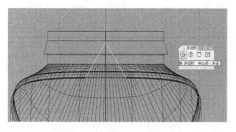

图 2-6-48

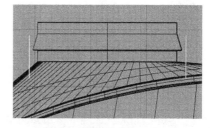

图 2-6-49

使用【挤出封闭的平面曲线】工具，向内挤出瓶身与瓶口相交的实体，两侧的操作方法相同（如图 2-6-50 所示）。将左右三角形各复制一份，并隐藏。

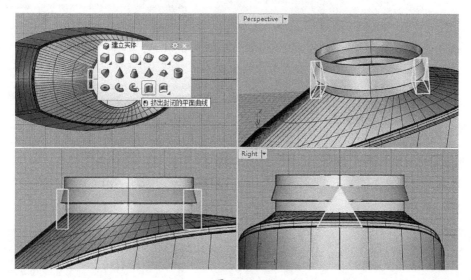

图 2-6-50

> **操作要点：**
>
> 在使用【编辑图层】工具时，首先新建出线的图层，选取模型创建过程中的辅助线，并将其隐藏（如图 2-6-51 所示）。使用【实体】工具下拉【不等距边缘圆角】，将三角体进行边缘倒角，倒角值为"0.2"（如图 2-6-52 所示）。

全选三角体与瓶口相关曲面（如图 2-6-53 所示）。使用【修剪】工具进行修剪，将多余的曲面细节修剪去除（如图 2-6-54 所示）。

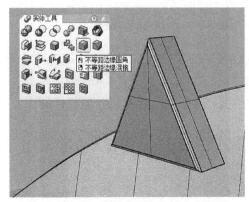

图 2-6-51

图 2-6-52

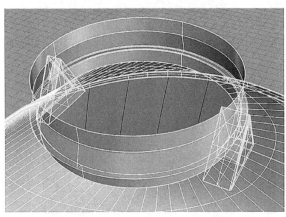

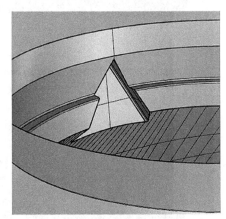

图 2-6-53

图 2-6-54

将整个瓶身的曲面进行组合(如图 2-6-55 所示)。

使用【偏移曲面】工具,进行实体偏移,向内偏移值为"0.2"(如图 2-6-56 所示),创建出实体厚度。

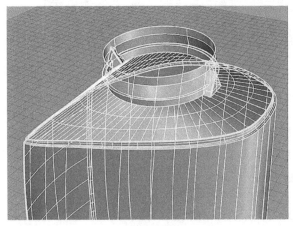

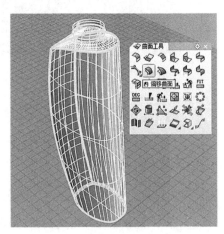

图 2-6-55

图 2-6-56

显示之前隐藏的左右两个三角形实体（如图 2-6-57 所示）。

图 2-6-57

使用【复制面的边框】工具，选取瓶口上边框线（如图 2-6-58 所示）。

再使用【挤出封闭的平面曲线】工具，向下挤出曲面（如图 2-6-59 所示）。

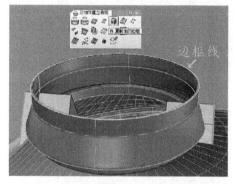

图 2-6-58

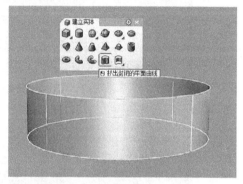

图 2-6-59

使用【偏移曲面】工具，向外偏移"0.2"，创建出实体（如图 2-6-60、图 2-6-61 所示）。

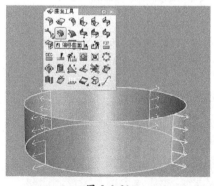

图 2-6-60

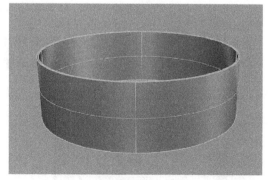

图 2-6-61

操作要点：

可参考教学视频的创建顺序进行操作。

使用【修剪】工具,将其与三角形的曲面进行修剪去除(如图 2-6-62 所示)。

选取内边框线(如图 2-6-63 所示)。

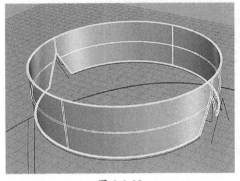
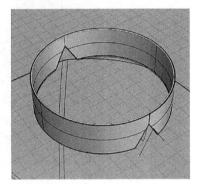

图 2-6-62　　　　　　　　　　　　　　图 2-6-63

使用【偏移曲线】工具,向内偏移"0.25",创建出圆圈(如图 2-6-64 所示)。

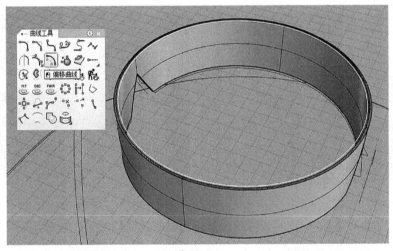

图 2-6-64

通过【挤出封闭的平面曲线】工具,向下挤出深度为"4"的曲面(如图 2-6-65 所示)。

使用【偏移曲面】工具向内偏移,创建出厚度为"0.2"的实体(如图 2-6-66 所示)。

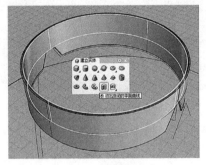
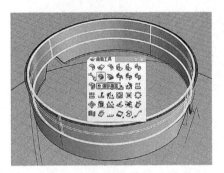

图 2-6-65　　　　　　　　　　　　　　图 2-6-66

● Step 5　创建瓶盖造型

显示之前隐藏的瓶盖曲面,使用【控制点曲线】工具,绘制出瓶盖部分的"分模线"(如图 2-6-67 所示),使曲线与瓶口上沿保持一定的水平关系(如图 2-6-68 所示)使用【分割】工具将其分成两部分,并隐藏盖顶部分。

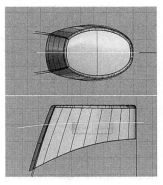

图 2-6-67

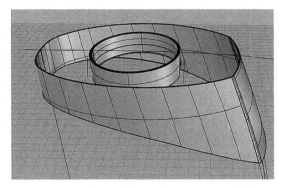

图 2-6-68

> **操作要点:**
> 1. 先编辑图层为"盖顶"专门创建一个图层,选择颜色后将盖顶归入此图层中;
> 2. 再分别创建出瓶盖等各图层。

使用【控制点曲线】工具,调整控制点,绘制出瓶盖正面的缺口部分的弧线(如图 2-6-69 所示)。使用【修剪】工具,从曲面中修剪出缺口(如图 2-6-70 所示)。

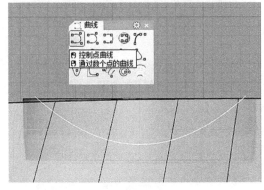

图 2-6-69

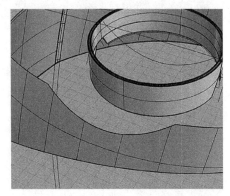

图 2-6-70

使用【控制点曲线】,在缺口的两个端点间绘制曲线,并使用【重建曲线】工具,参数调节为 3 阶 4 点,打开控制点,框选中间两点向正后方位移,完成弧线绘制(如图 2-6-71 所示)。

使用【以二、三四边建立曲面】工具或【放样】工具,点选两条相连的边,绘制出曲面(如图 2-6-72 所示)。

使用【提取面的边框】工具,并将分散的边框线组合成连贯的边线(如图 2-6-73 所示)。

使用【以二、三或四个边缘曲线建立曲面】工具，创建出顶面（如图 2-6-74 所示）。

操作要点：

亦可按教学视频中，使用"挤出曲面"的方式创建顶面，并通过【修剪】工具完成边缘处理。（方法不一）

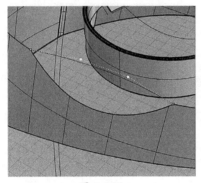

图 2-6-71

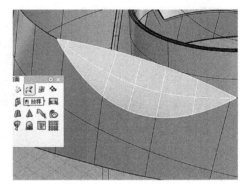

图 2-6-72

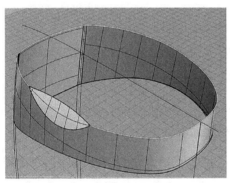

图 2-6-73

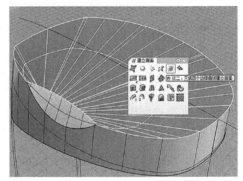

图 2-6-74

使用【偏移曲面】工具，将盖子向内偏移"0.2"成实体（如图 2-6-75 所示）。使用【圆：中心点、半径】工具，在 Top 视角绘制洗发水孔，通过【修剪】工具进行修剪（如图 2-6-76 所示）。

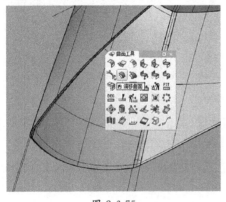

图 2-6-75

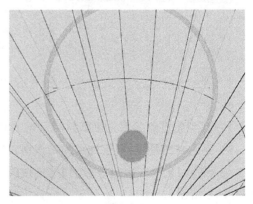

图 2-6-76

使用【圆柱管】工具，创建出孔的深度实体（如图 2-6-77 所示）。

> **操作要点：**
> 1. 亦可使用"挤出曲面"并"偏移"成实体的方式创建洗发水孔结构。（方法不一）
> 2. 使用【编辑图层】工具进行归类整理。

至此，已经完成瓶盖下半部分的创建（如图 2-6-78 所示）。

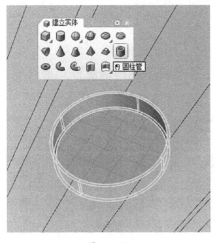

图 2-6-77

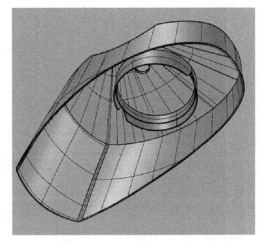

图 2-6-78

● **Step 6　创建盖顶细节**

将瓶盖上部的曲面显示出来，并使用【曲面圆角】工具，完成边缘倒角（如图 2-6-79 所示）。

使用【圆柱管】工具，创建顶部曲面的孔的盖口结构（如图 2-6-80 所示）。

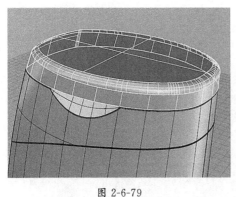

图 2-6-79

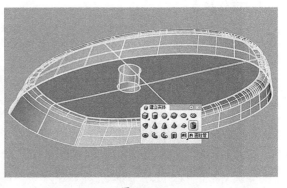

图 2-6-80

使用【2D 旋转】工具，将顶部瓶盖在 Right 视角，向上旋转一定的角度（如图 2-6-81 所示）。
在 Back 视角中间相应位置，绘制一条宽度略小于瓶口宽度的直线（如图 2-6-82 所示）。

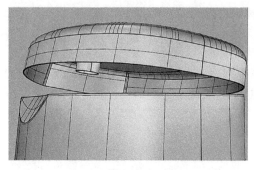

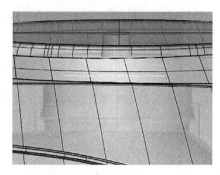

图 2-6-81

图 2-6-82

使用【投影】工具，将直线从盖顶正前方投影到对应的曲面表面上（如图 2-6-83 所示）。用同样方法，通过【复制】、【移动】、【投影】工具，在瓶盖下半部创建另一条投影线（如图 2-6-84 所示）。

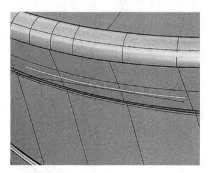

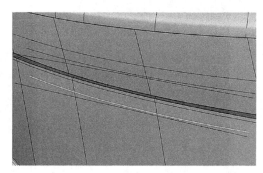

图 2-6-83

图 2-6-84

使用【控制点曲线】工具，在两条投影线两侧连接端点各绘制出两条线，并通过"控制点"调整，完成曲线连接（如图 2-6-85 所示）。使用【以二、三或四个边缘曲线建立曲面】工具，创建出瓶盖与瓶身的连接曲面（如图 2-6-86 所示）。

操作要点：
　　详细参考教学视频中的具体操作步骤完成创建。

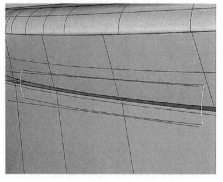

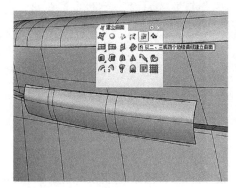

图 2-6-85

图 2-6-86

使用【偏移曲面】工具,将曲面向内偏移"0.2"成为实体(如图 2-6-87 所示)。

使用【编辑图层】工具,继续创建出盖子、瓶身等图层,并编辑颜色后将各个部分归入相应各图层(如图 2-6-88 所示)。

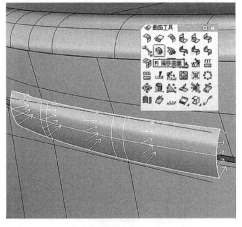

图 2-6-87

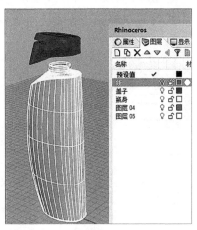

图 2-6-88

● Step 7　创建瓶身贴图曲面

通过拍摄实物照片,并使用 PS 软件进行修改处理,将洗发水瓶身上正反两面的贴图创建完成(如图 2-6-89、图 2-6-90 所示)。

图 2-6-89

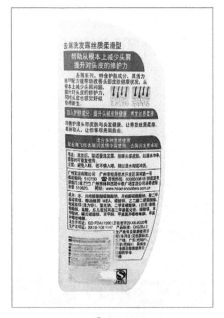

图 2-6-90

将贴图通过"背景图—放置"的操作,调整成合适的大小,放置到犀牛软件的 Right 视角中(如图 2-6-91 所示)。并使用【控制点曲线】、【直线】等线的工具,勾勒出完整的贴图轮廓线(如图 2-6-92 所示)。

操作要点：

1. 按 F7 可关闭网格线显示，使贴图曲面更清楚；

2. 可以根据瓶身曲面实际造型调整贴图轮廓线。

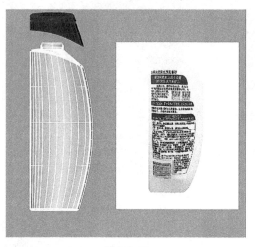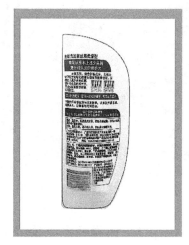

图 2-6-91   图 2-6-92

● Step 8   洗发水瓶渲染后期处理

使用【分割】工具,将正反贴图部分的曲面从瓶身上分割出来(如图 2-6-93 所示),并使用【编辑图层】工具编辑成贴图图层。洗发水瓶创建完成后保存文件,导入到渲染软件中(如图 2-6-94 所示)。

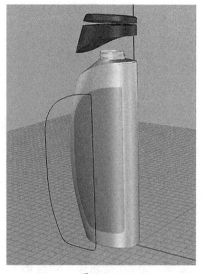

图 2-6-93   图 2-6-94

将对应的材质逐一选取并附着于模型对应部分。在选取瓶身的正反面贴图时,选择
【纹理贴图】工具,并使用颜色选项(如图 2-6-95 所示)。将表面的洗发水贴图附着在材质
表面,并进一步进行缩放比例、三轴移动等调整(如图 2-6-96 所示)。

> **操作要点:**
> 1. 参考教学视频中材质的选取,做到与实际产品尽量保持一致的效果;
> 2. 按住 Ctrl 键和鼠标左键横向拉动可调节光源;
> 3. 更多渲染参数可根据软件界面中选项进行逐一设定。

图 2-6-95

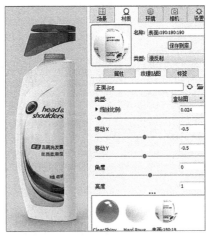

图 2-6-96

通过渲染完成最终的洗发水瓶效果图如图 2-6-97 所示。

图 2-6-97

至此,洗发水瓶的建模及后期处理的操作过程演示完成。

案例七

［手持电钻］

【实例概述】

本实例综合讲解了手持电钻的设计过程,该设计过程主要运用了背景图—放置、圆、双轨扫掠、控制点曲线、椭圆、定位、修剪、混接曲线、调整封闭曲面的接缝、复制面的边框、混接曲面、复制、放样、抽离结构线、从网线建立曲面、分割、镜像、组合、重建曲线、炸开、偏移曲线、显示隐藏、曲面圆角、挤出曲线、实体倒角、投影曲线、三轴缩放、物件锁点、2D 旋转、曲面偏移、矩形、全部圆角、直线阵列、单轴缩放、编辑图层等工具命令。

建模前,首先要对电钻的外观造型与功能两个方面进行研究学习,知道如此设计造型结构的原因,以及电钻功能与操作的原理。建模时,在把握整体造型的基础上,根据局部细节逐一完成。先通过使用"线"的工具创建出模型的骨架轮廓,再通过使用"曲面"或"实体"的工具创建出模型的结构造型。

本案例综合运用了本书前面部分所学过的工具命令,并对其进行强化训练,使读者能够更为扎实地掌握各种建模常用技能,具备独立建模能力。建模完成后的渲染操作,读者应首先对该产品进行分析理解,再进行效果表现。

【建模步骤】

● Step 1　创建电钻上部大体造型

打开犀牛软件,新建文件(如图 2-7-1 所示),使用模板"小模型—毫米"(如图 2-7-2 所示)。

将用于参考的电钻图片导入视图中,辅助建模。

图 2-7-1　　　　　　　　　　　图 2-7-2

操作要点：

1. 双击 Right 视角图标放大至全屏，右键点击 Right 图标出现下拉菜单选择【背景图】，再点选【放置】(如图 2-7-3 所示)；

2. 在指定的文件目录里选择所要放置的图片，将其放置于框选范围(如图 2-7-4 所示)，并通过信息栏进行背景图设置(如图 2-7-5 所示)。

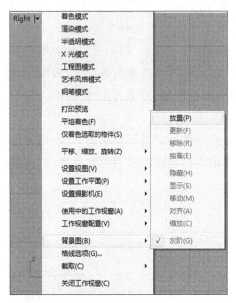

图 2-7-3

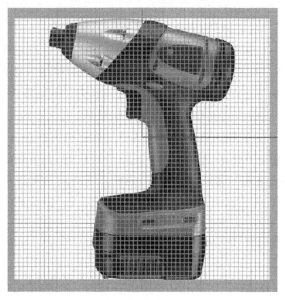

图 2-7-4

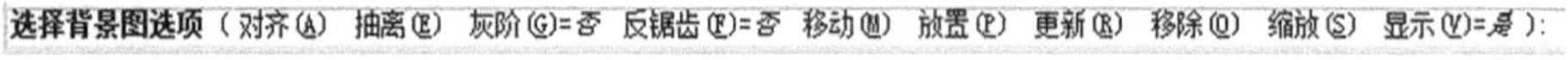

选择背景图选项（对齐(A) 抽离(E) 灰阶(G)=否 反锯齿(T)=否 移动(M) 放置(P) 更新(R) 移除(U) 缩放(S) 显示(V)=是):

图 2-7-5

使用【控制点曲线】工具(如图 2-7-6 所示)画出电钻上部的两条轮廓线(如图 2-7-7 所示)。

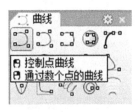

图 2-7-6

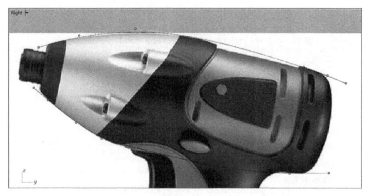

图 2-7-7

操作要点：

1. 按 F7 键，去掉视图中的格线，使其在参照时更清晰可见；

2. 在画轮廓线时，前后稍微多画出一小段，以便后期造型调整；

3. 画轮廓线时，顺着大型勾勒即可（不要把造型中转折等小细节都描出来），使弧线更流畅，位置和外轮廓更贴合。画完后按 F10 打开控制点调整曲线，可适当关闭物件锁点的相关参照点减少干扰，调整好后按 F11 关闭控制点。

使用【圆】下拉工具【圆：直径】（如图 2-7-8 所示），在 Perspective 视图画出两个截面（如图 2-7-9 所示）。

操作要点：

1. 参照物件锁点的【端点】约束画线位置；

2. 在两条轮廓线前后两端，分别绘制出两个垂直于轮廓线的圆形截面。

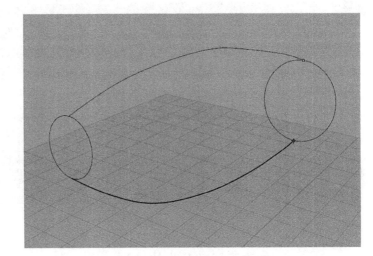

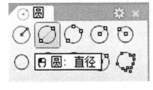

图 2-7-8   图 2-7-9

使用【建立曲面】下拉工具【双轨扫掠】（如图 2-7-10 所示），首先选取双轨线（两条轮廓线），然后选取截面（两个圆形）。此时出现两根射线，调整位置（如图 2-7-11 所示），确定完成曲面造型。

操作要点：

1. 通过【四分点】可以确定两条射线的位置落在两个圆形相应的端点位置；

2. 如果方向不一致，使用鼠标在箭头位置轻轻移动就能调整方向，并单击确定。

3. 按默认参数确定双轨扫掠选项菜单，完成电钻上部的大体造型（如图 2-7-12 所示）。

图 2-7-10

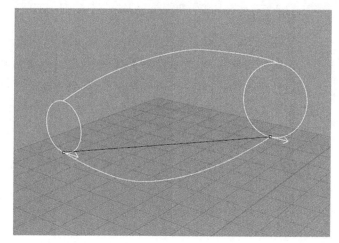

图 2-7-11

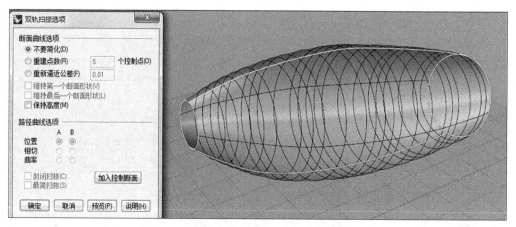

图 2-7-12

● Step 2 创建手柄部分大体造型

继续使用【控制点曲线】工具(如图 2-7-13 所示)画出电钻手柄部位的两条轮廓线(如图 2-7-14 所示)

> **操作要点:**
>
> 1. 参考前面绘制电钻上部的操作方法画线;
>
> 2. 在画手柄轮廓线时,左右两条曲线的位置和长度应基本做到相互对应,上至小转折弧度处,下至直达上端底座位置以下一段;
>
> 3. 画轮廓线时,顺着大型勾勒即可,应使弧线保持流畅,位置和外轮廓保持贴合。

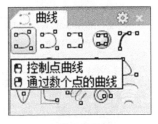

图 2-7-13

图 2-7-14

使用【椭圆】下拉工具【椭圆：直径】(如图 2-7-15 所示)，在 Top 视图画出一个椭圆截面(如图 2-7-16 所示)，通过【曲线工具】下拉【重建曲线】工具(如图 2-7-17 所示)对椭圆进行调整。

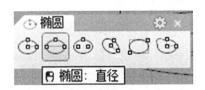

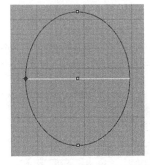

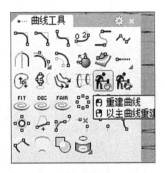

图 2-7-15

图 2-7-16

图 2-7-17

操作要点：

1. 点选椭圆，进行重建，将菜单栏中的【点数】输入改为 8(如图 2-7-18 所示)，其他参数默认不变，确定后按 F10 打开控制点为 8 个点(如图 2-7-19 所示)，将中间两个点删除，以便进一步调整截面造型(如图 2-7-20 所示)；

2. 使用【缩放】下拉【单轴缩放】工具(如图 2-7-21 所示)，参照中轴处【四分点】，进行正交向外拉动调节宽度(如图 2-7-22 所示)，确定比较符合实际的手柄截面(如图 2-7-23 所示)。

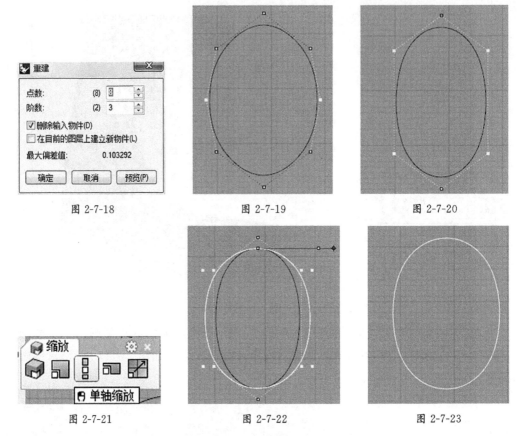

图 2-7-18 图 2-7-19 图 2-7-20

图 2-7-21 图 2-7-22 图 2-7-23

接着复制出一个椭圆截面(如图 2-7-24 所示),用来完成手柄造型上下两个部分截面,再使用【变动】下拉【定位:两点】工具(如图 2-7-25 所示),分别对截面定位(如图 2-7-26 所示)。

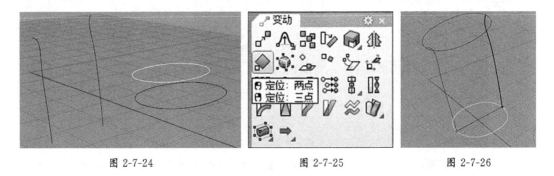

图 2-7-24 图 2-7-25 图 2-7-26

操作要点:

在【定位:两点】信息栏中点选【缩放—单轴】(如图 2-7-27 所示),进行参考点 1、2 的确定,分别在椭圆截面上点选两个【四分点】位置的长轴顶点(如图 2-7-28 所示),定位在手柄轮廓线的一侧端点(如图 2-7-29 所示);另一个椭圆截面也是如此操作。

缩放〈无〉（无(N) 单轴(D) 三轴(A)）：单轴
参考点 1 (复制(C)=否 缩放(S)=*单轴*)：|

图 2-7-27　　　　　　　　　　图 2-7-28　　　　　　　　　　图 2-7-29

　　使用【曲面】下拉【双轨扫掠】工具，首先选取双轨线（两条轮廓线），然后选取截面（两个圆形）。出现两根射线，调整位置（如图 2-7-30 所示），确定完成曲面造型（如图 2-7-31所示）。

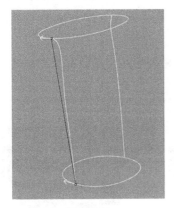

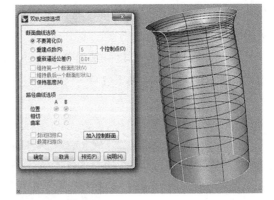

图 2-7-30　　　　　　　　　　　　　　图 2-7-31

操作要点：

1. 也可参考电钻上部的详细操作进行曲面建模；

2. 至此已经完成电钻手柄部位曲面大体造型（如图 2-7-32 所示）。

图 2-7-32

Step 3 创建电钻中部衔接曲面

使用【控制点曲线】工具（如图 2-7-33 所示）分别画出电钻中部用来衔接曲面边缘的两条弧线（如图 2-7-34、图 2-7-35 所示）。

操作要点：

1. 按 F7 键，去掉视图中的格线，使其在参照时更清晰可见；

2. 在画曲线时，前后稍微多画出一小段，以便后期造型调整；

3. 画两条曲线时，弧线应保持流畅，上弧线的位置一定不要太接近或超出红色区域结构边缘，以免后续细节建模时产生曲面破损；下弧线趋势与上弧线相互对应，位置关系参考图示。

4. 画完后按 F10 打开控制点调整曲线，可以适当关闭物件锁点的相关参照点以减少取点干扰，调整好后按 F11 关闭控制点。

图 2-7-33

图 2-7-34

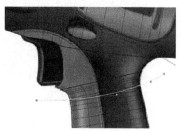

图 2-7-35

使用【修剪】工具（如图 2-7-36、图 2-7-37 所示）分别将创建的两条弧线中间区域的曲面修剪去掉（如图 2-7-38 所示）。

操作要点：

1. 修剪一定要保证把电钻上部和手柄部的曲面相应部分去除干净（在 Right 视图中曲面存在前后重叠关系，可能同一位置要剪两次）；

2. 修剪操作中也不能将需保留曲面误修剪掉，修剪后透视效果如图 2-7-39 所示。

图 2-7-36

指令: _Trim
选取切割用物件（延伸直线(E)=否 视角交点(A)=否）:

图 2-7-37

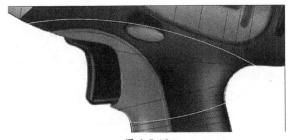

图 2-7-38

图 2-7-39

使用【曲线工具】下拉【混接曲线】工具（如图 2-7-40 所示），点选电钻上部曲面前端中心接缝线和手柄曲面前端中心接缝线（如图 2-7-41、图 2-7-42 所示），创建混接曲线（如图 2-7-43 所示）。

操作要点：

1. 混接曲线时按菜单栏默认【曲率】关系生成曲线；

2. 在 Right 视图中去掉格线，使其在参照时更清晰可见；

3. 画完后按 F10 打开控制点调整曲线，可以适当关闭物件锁点的相关参照点以减少取点干扰，调整曲线时，忽略过于详细的按钮部分，以流畅、贴合的弧线连接上下边缘（如图 2-7-44 所示），调整好后按 F11 关闭控制点。

4. 曲面建模顺序不同，也可能使接缝线在后端，不管怎样都可以先创建出至少一条混接曲线。

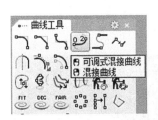

图 2-7-40

图 2-7-41

图 2-7-42

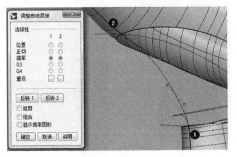

图 2-7-43

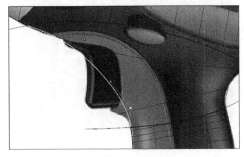

图 2-7-44

使用【曲面工具】下拉【调整封闭曲面的接缝】工具（如图 2-7-45 所示），点选手柄曲面后端中心处【四分点】位置，调整出一条接缝线（如图 2-7-46 所示）。进而使用【曲线工具】下拉【混接曲线】工具，点选电钻上部曲面后端中心接缝线和电钻手柄曲面后端的中心接缝线（如图 2-7-47 所示），创建出一条混接曲线。

> **操作要点：**
>
> 1. 混接曲线时按菜单栏默认【曲率】关系生成曲线；
>
> 2. 在 Right 视图中去掉格线，使其在参照时更清晰可见；
>
> 3. 画完后按 F10 打开控制点调整曲线，可以适当关闭物件锁点的相关参照点以减少取点干扰，调整曲线时，以流畅、贴合手柄轮廓线的弧线连接上下边缘（如图 2-7-48 所示），调整完成后按 F11 关闭控制点。

图 2-7-45

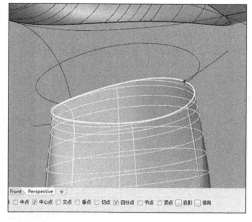

图 2-7-46

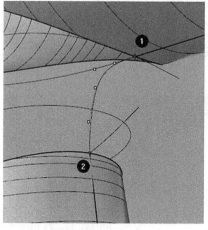

图 2-7-47

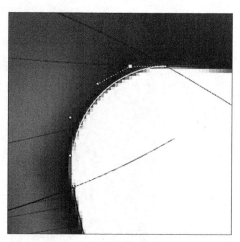

图 2-7-48

使用【从物件建立曲线】下拉【复制面的边框】工具（如图 2-7-49 所示），点选电钻上部曲面（如图 2-7-50 所示），创建出多条边框曲线，其中曲面下端的边框线为所需曲线（如图 2-7-51 所示）。然后继续使用【从物件建立曲线】下拉【复制面的边框】工具，点选电钻手柄曲面，创建出曲面上端的边框线所需曲线（如图 2-7-52 所示）。

> **操作要点：**
> 此步骤中创建这两条边框线，是为接下去完成电钻中部【双轨扫掠】曲面提供必要的完整截面（若越过此步直接扫掠，可能所能选的截面线只有不完整的半条线）。

图 2-7-49

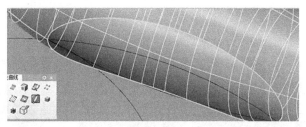

图 2-7-50

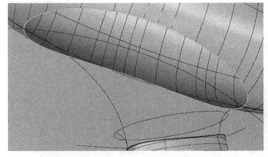

图 2-7-51

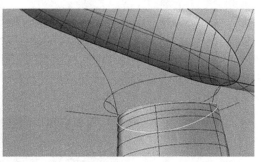

图 2-7-52

使用【曲面】下拉工具【双轨扫掠】，首先选取双轨线（两条混接曲线），然后选取截面（两条边框线）（如图 2-7-53 所示）。此时出现两条射线，调整其方向和位置（如图 2-7-54 所示），确定完成曲面造型（如图 2-7-55、图 2-7-56 所示）。

> **操作要点：**
> 1. 通过【四分点】可以确定两条射线的位置落在两条边框线相应的端点位置；
> 2. 如果方向不一致，使用鼠标在箭头位置轻轻移动，就能调整方向，并单击确定；
> 3. 按默认参数确定【双轨扫掠】选项，完成电钻中部混接曲面的大体造型（如图 2-7-57 所示）；
> 4. 如果使用【混接曲面】也能完成此部分曲面创建，但操作过程中细节较多，讲解较为复杂不易掌握，所以推荐使用【双轨扫掠】完成操作。

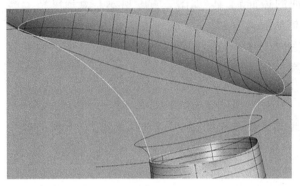
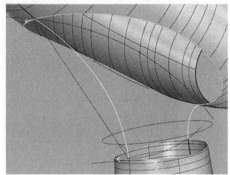

图 2-7-53　　　　　　　　　　　　　　　图 2-7-54

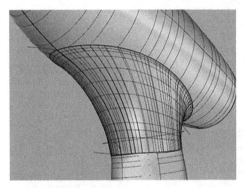
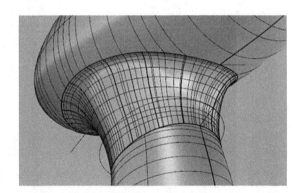

图 2-7-55　　　　　　　　　　　　　　　图 2-7-56

图 2-7-57

● Step 4　创建电钻下部曲面大体造型

使用【控制点曲线】工具,画出电钻下部造型的第一条结构线(如图 2-7-58 所示),回到 Top 视角调整结构线,将其从直线调整为半条截面弧线(如图 2-7-59、图 2-7-60 所示),通过【镜像】工具得到完整的类似椭圆的截面,并合并曲线。

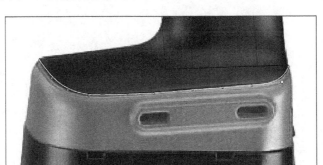

图 2-7-58

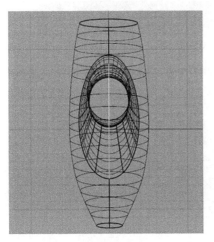

图 2-7-59

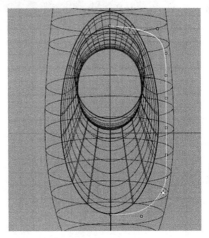

图 2-7-60

操作要点:

1. 在画曲线时,前后与结构线端点吻合(不用超出),以便后面空间调整时轮廓更准确;

2. 在 Top 视角调整结构线时,可以适当关闭物件锁点的相关参照点以减少取点干扰;

3. 调整时注意半边截面线的区域范围应保持适中,宽度不要超过上部轮廓边缘,起点与终点保持原位置,其他点慢慢调整成流畅的弧线,调整时两个第二点先与两端点重合,再按住 Shift 键以正交曲率拉出来(如图 2-7-61 所示),使其在后面【镜像】步骤时能够保持平滑过渡;

4. 使用【变动】下拉【镜像】工具(如图 2-7-62 所示),完成另外半条截面曲线的镜像操作(如图 2-7-63 所示),使用【组合】工具(如图 2-7-64 所示),组合截面线(如图 2-7-65 所示)。

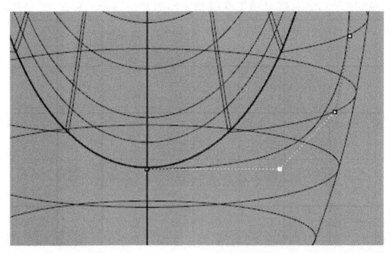

图 2-7-61

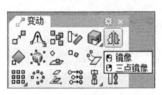

图 2-7-62

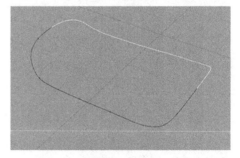

图 2-7-63

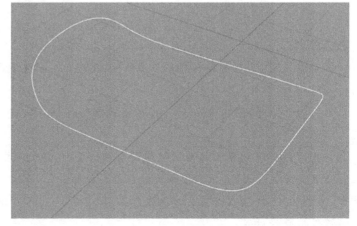

图 2-7-64   图 2-7-65

使用【变动】下拉【复制】工具（如图 2-7-66 所示），复制完成电钻下部的另外两条完整截面线（如图 2-7-67 所示），在 Right 视角通过控制点调整这两条截面线。

> **操作要点：**
> 　1. 在调整曲线位置时，按 F10 键调整控制点位置，一定要使用鼠标框选的方式取点（在 Right 视角上，同一位置前后有两个控制点，需要一起拉动调整）；
> 　2. 三条截面曲线按照电钻的结构线进行对应调整（如图 2-7-68 所示），最下方的截面线可以适当垂直下拉一些距离，给后续操作留出余量（如图 2-7-69 所示），调整完成后按 F11 键关闭控制点。

图 2-7-66

图 2-7-67

图 2-7-68

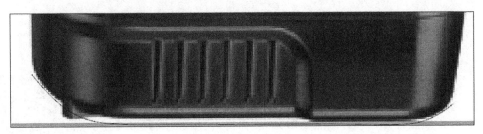

图 2-7-69

将视角调整为 Perspective（如图 2-7-70 所示），使用【建立曲面】下拉【放样】工具（如图 2-7-71 所示），依次选中三条截面线，确定完成电钻下部曲面建模。

> **操作要点：**
> 　调整放样的方向和位置时（如图 2-7-72 所示），按默认参数设置确定放样选项，放样造型选择"标准"，断面曲线选择"不要简化"（如图 2-7-73 所示）。

图 2-7-70　　　　　　　　　图 2-7-71　　　　　　　　　图 2-7-72

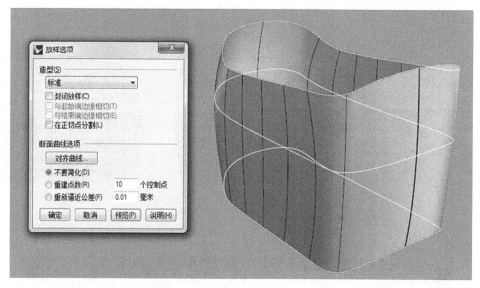

图 2-7-73

● Step 5　创建电钻下部朝上的曲面

将物件锁点打开,点选"端点""四分点"捕捉,使用【曲线】下拉【控制点曲线】工具,在电钻下部上表面的端点位置开始勾勒轮廓线(如图 2-7-74所示)。

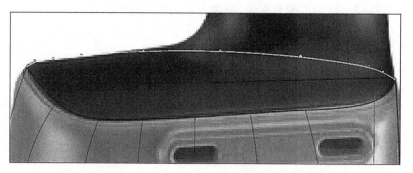

图 2-7-74

操作要点：

1. 按 Shift 键可使用"正交"精确、流畅地拉动曲线；

2. 在勾勒轮廓线时，要保持线条位置准确，曲线保持水平面居中（如图 2-7-75 所示）。

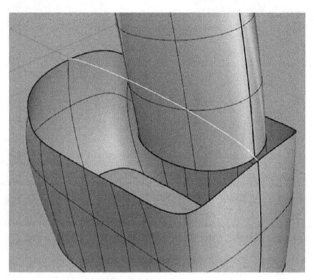

图 2-7-75

使用【曲面工具】下拉【调整封闭曲面的接缝】工具（如图 2-7-76 所示），将原本位于电钻下部后端中间位置的接缝线（如图 2-7-77 所示）移动到侧边中间位置（如图 2-7-78 所示）；也可直接采用【抽离结构线】创建两侧中间位置的两条线。

操作要点：

物件锁点勾选两侧的中点和前后端点，进行接缝线的移动（如图 2-7-79 所示）。

图 2-7-76

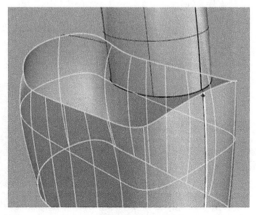

图 2-7-77

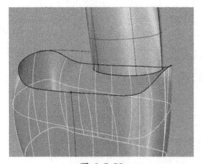

图 2-7-78

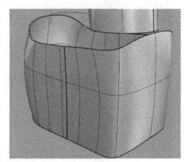

图 2-7-79

操作要点：

使用【从物件建立曲线】的下拉【抽离结构线】工具（如图 2-7-80 所示）创建出电钻下部两侧中点位置的两条结构线（如图 2-7-81 所示）。

图 2-7-80

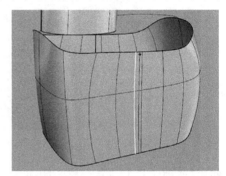

图 2-7-81

使用【曲线工具】下拉工具【混接曲线】（如图 2-7-82 所示），将上一步骤中创建的两条结构线上方进行混接（如图 2-7-83 所示），在操作过程中可以先将不需要显示的曲面与线进行隐藏，然后再捕捉曲线一侧的两个点，通过这两个点画出两条与上部曲线垂直的直线，通过这两条线将上部的曲线修剪成四段即可。

操作要点：

也可使用【控制点曲线】工具在对应位置绘制，并使用【重建】工具将曲线调整为所需弧线。

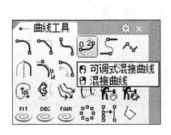

图 2-7-82

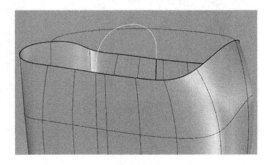

图 2-7-83

操作要点:

1. 点击【可见性】下拉菜单【隐藏物件】工具(如图 2-7-84 所示),将电钻暂时不需要显示的曲面与线进行隐藏,保留本步骤所涉及的曲线,让操作更清晰有效;

2. 点选物件锁点中的最近点(如图 2-7-85 所示),锁定结构曲线一侧的两个点,这两点不能与之前创建的混接曲线重合(如图 2-7-86 所示);

3. 点选物件锁点中的点和正交(如图 2-7-87、图 2-7-88 所示),从两个点开始画出两条垂直于曲线的直线,并穿过该曲线的另一端(如图 2-7-89 所示);

4. 使用【分割】工具(如图 2-7-90 所示),选取要分割的结构曲线(如图 2-7-91 所示),再选取切割用的两条直线(如图 2-7-92 所示),将结构曲线修剪成四段(如图 2-7-93、图 2-7-94 所示)。

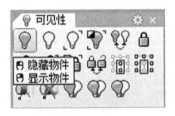

图 2-7-84

图 2-7-85

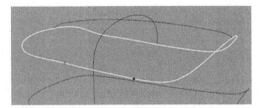

图 2-7-86

图 2-7-87

图 2-7-88

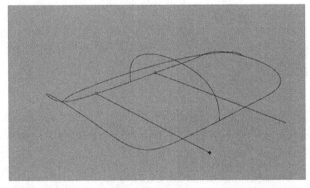

图 2-7-89

图 2-7-90

图 2-7-91

图 2-7-92

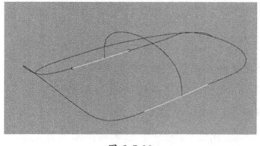

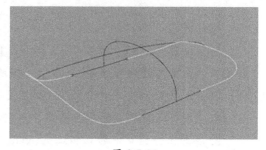

图 2-7-93   图 2-7-94

　　使用【建立曲面】下拉【从网线建立曲面】工具(如图 2-7-95 所示),依次选取被分成四段的结构曲线(如图 2-7-96 所示)和上面两条交叉的曲线(如图 2-7-97 所示),出现的对话框按照默认的设置(如图 2-7-98 所示),预览曲面创建的效果(如图 2-7-99 所示),确定完成创建。

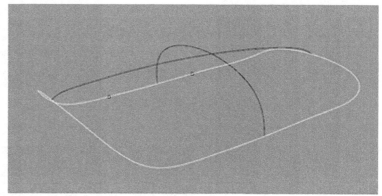

图 2-7-95   图 2-7-96

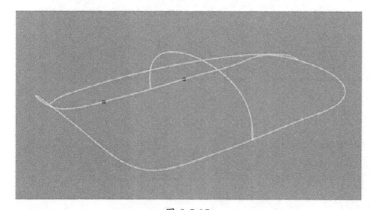

图 2-7-97   图 2-7-98

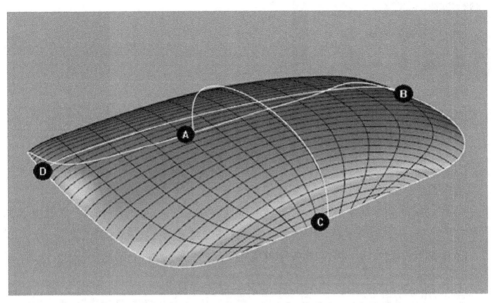

图 2-7-99

操作要点：

被切割成四段的结构曲线的断口，一定不能与上部交叉的两条曲线的端点重合。

● Step 6 创建电钻底部曲面

使用【曲线】下拉【控制点曲线】工具，并点选停用，将物件锁点停用，以避免创建过程中锁定点位的干扰。在电钻底部稍微靠上一点的位置，绘制一条与底部轮廓线相仿的曲线（如图 2-7-100 所示），通过【建立实体】下拉【挤出封闭的平面曲线】工具（如图 2-7-101 所示），选择"两侧"挤出并选择"实体＝否"（如图 2-7-102 所示）。创建出曲面后，通过切割将底部多余的曲面部分进行修剪，并进行面的倒角后，完成底部大体造型的创建。

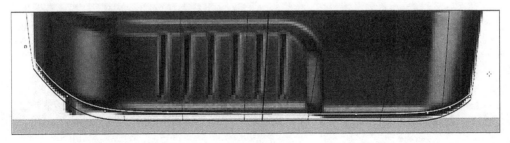

图 2-7-100

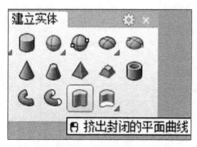

图 2-7-101

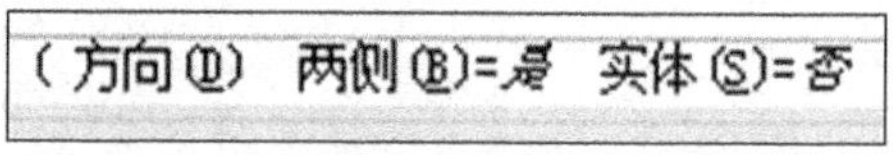

（方向(①) 两侧(⑧)=是 实体(⑤)=否

图 2-7-102

操作要点：

1. 挤出的曲面宽度要超过电钻底部本身宽度（如图 2-7-103 所示），并且位置在底部开放端之上，保证横向曲面与纵向曲面处于完全相交的位置关系（如图 2-7-104 所示）；

2. 使用【修剪】工具，分别选取切割用的曲面与要切割的曲面（如图 2-7-105 所示），完成曲面相交的多余边缘的修剪（如图 2-7-106 所示）；

3. 使用【曲面圆角】工具（如图 2-7-107 所示），圆角半径设置为"0.5"（如图 2-7-108 所示），完成底部大体造型创建（如图 2-7-109 所示）。

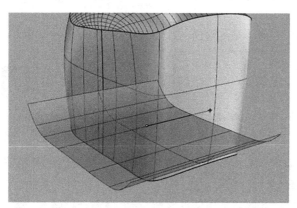

图 2-7-103

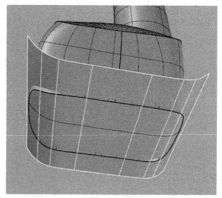

图 2-7-104

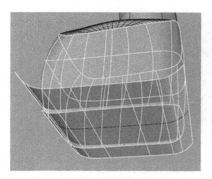

图 2-7-105

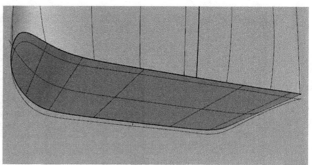

图 2-7-106

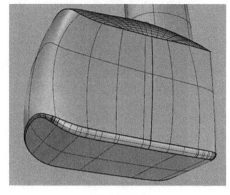

图 2-7-107　　　　　　图 2-7-108　　　　　　　图 2-7-109

电钻底部大体造型效果如图 2-7-110 所示。

图 2-7-110

● Step 7　创建手柄曲面造型(一)

使用【控制点曲线】工具,绘制电钻手柄部分的结构曲线(如图 2-7-111 所示)。接着使用【修剪】工具(如图 2-7-112 所示),对手柄红色部分的曲面进行修剪(如图 2-7-113 所示)。

> **操作要点:**
>
> 1. 在绘制手柄的这条曲线时,前后多画出一段线头,以便切割时能够顺利完成;
> 2. 修剪需要点击几次,直到在该视图中前后两块曲面都完全被修剪掉。

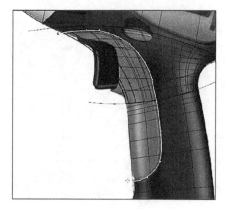

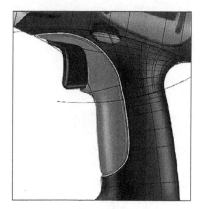

图 2-7-111　　　　　　　　图 2-7-112　　　　　　　　图 2-7-113

使用【分割】工具（如图 2-7-114 所示），点击手柄处之前创建曲面时留下的边缘曲线（如图 2-7-115 所示），使用前一步骤中创建的曲线进行分割，使该曲线在手柄结构接缝处被分割成为两段（如图 2-7-116 所示），根据手柄的外轮廓调整结构线（如图 2-7-117 所示）。

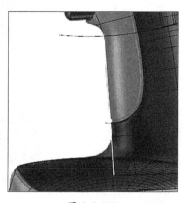

图 2-7-114　　　　　　　　　　　图 2-7-115

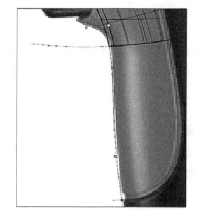

图 2-7-116　　　　　　　　图 2-7-117

使用【控制点曲线】，在 Right 视角绘制手柄按钮侧面轮廓线（如图 2-7-118 所示），然后在 Front 视角进行控制点调整（如图 2-7-119 所示），逐步创建出按钮的半条截面线（如图 2-7-120 所示），最后在 Top 视角继续调整控制点，进一步创建按钮的半条截面线（如图 2-7-121 所示），修改完成的曲线通过【镜像】工具复制出另外半边截面线，进行合并后完成按钮截面线的创建。

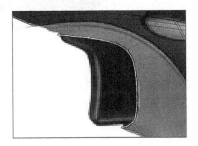

图 2-7-118

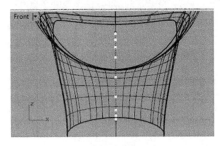

图 2-7-119

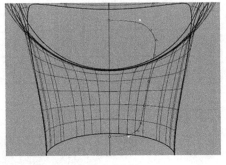

图 2-7-120

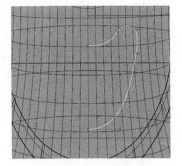

图 2-7-121

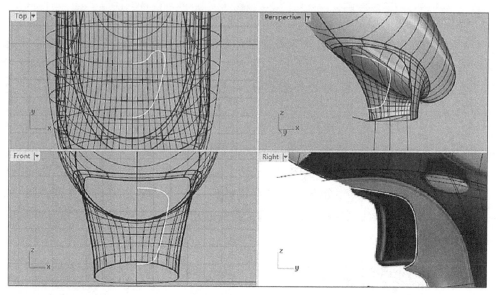

图 2-7-122

　　通过【镜像】工具复制出另外半条曲线，打开端点搜索镜像的中轴线点位进行创建（如图 2-7-123 所示）；使用【组合】工具，将曲线合并，完成按钮截面线创建（如图 2-7-124所示）。

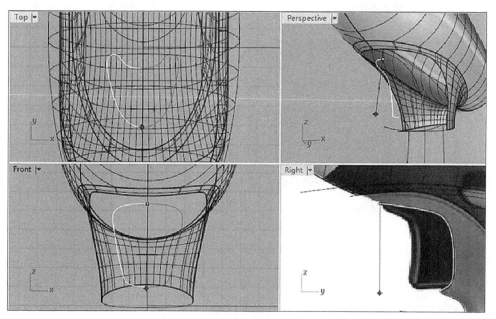

图 2-7-123

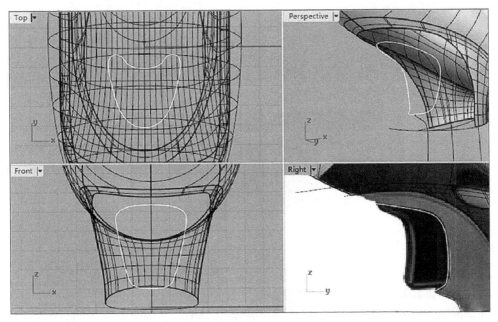

图 2-7-124

● Step 8 创建手柄曲面造型（二）

使用【控制点曲线】，创建出手柄按钮上端连接结构的曲线（如图 2-7-125 所示），创建时打开端点或四分点进行捕捉。

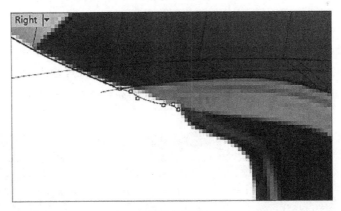

图 2-7-125

使用【控制点曲线】，打开最近点在手柄红色的区域"开关"按钮后边，创建一条曲线（如图 2-7-126 所示）。使用【曲线工具】下拉【重建曲线】工具（如图 2-7-127 所示）进行曲线重建，设置点数为 6（如图 2-7-128 所示），将曲线改为 3 阶 6 点，然后进行曲线调整。

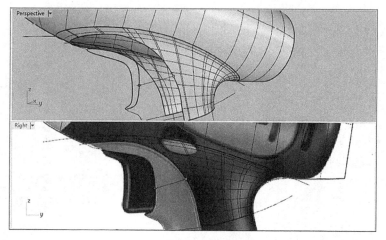

图 2-7-126

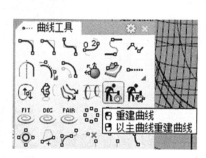

图 2-7-127

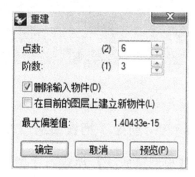

图 2-7-128

操作要点：

1. 将调整过控制点数的曲线（如图 2-7-129 所示）的控制点打开，首先在 Top 视角调整，首尾两端点不动，打开正交逐一调整其余控制点，然后在 Front 视角继续调整控制点（如图 2-7-130 所示），完成曲线在三维视角中的位置调整；

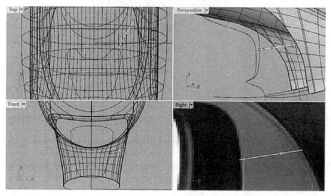

图 2-7-129

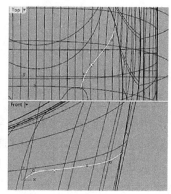

图 2-7-130

2. 使用【镜像】工具复制出另外半条曲线,打开端点或四分点搜索镜像的中轴线点位进行创建(如图 2-7-131 所示),两侧曲线保持对称,并分别与结构线相交(如图 2-7-132 所示)。

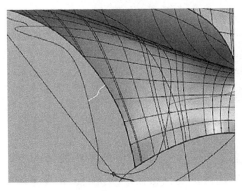
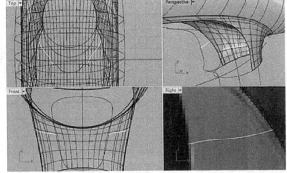

图 2-7-131 　　　　　　　　　　　　　　　　图 2-7-132

使用【复制面的边框】,将电钻手柄部分的两个衔接的曲面边框分别进行提取(如图 2-7-133 所示),选取其中所需的两条边框线(如图 2-7-134 所示),先各自【炸开】后再进行重新合并得到一条完整的边框曲线。

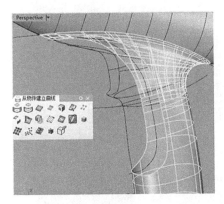
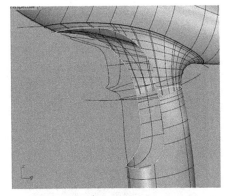

图 2-7-133 　　　　　　　　　　　　　　　　图 2-7-134

操作要点:

1. 选择曲面边框线时,确保两条曲线相连,并且与之前创建的四条曲线相交;

2. 使用【炸开】工具(如图 2-7-135 所示)将所需的两条曲线拆开,再使用【组合】工具,将所需曲线组合成一条完整边框轮廓(如图 2-7-136 所示)。

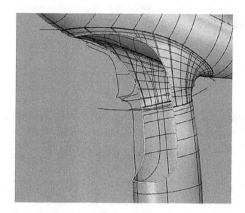

图 2-7-135

图 2-7-136

使用【从网线建立曲面】(如图 2-7-137 所示),依次选取被分成四段的结构曲线(如图 2-7-138 所示)和两条轮廓曲线(如图 2-7-139 所示),出现的对话框按照默认的设置设定(如图 2-7-140 所示),预览曲面创建的效果,完成手柄红色区域曲面创建(如图 2-7-141 所示)。

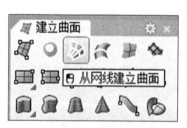

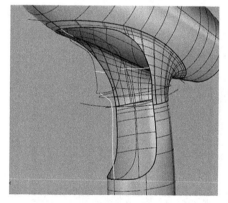

图 2-7-137

图 2-7-138

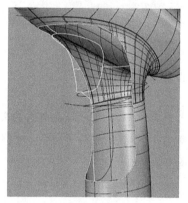

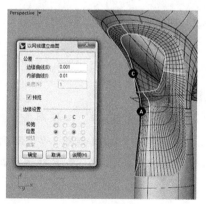

图 2-7-139

图 2-7-140

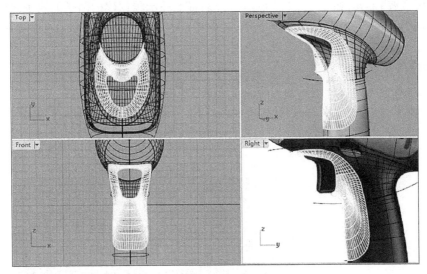

图 2-7-141

操作要点：

被切割成四段的结构曲线的端点，一定要首尾与两条轮廓曲线相交。

● Step 9 创建手把与底座的衔接曲面

使用【控制点曲线】工具，并停用物件锁点以减少取点干扰，分别画出电钻下部用来创建衔接曲面边缘的两条弧线（如图 2-7-142、图 2-7-143 所示）。

操作要点：

1. 按 F7 键，去掉视图中的格线，使其在参照时更清晰可见；

2. 在画曲线时，前后稍微多画出一小段，以便后期造型调整；

3. 画两条曲线时，弧线保持流畅，下弧线右侧不要太接近或越过红色区域，以免后续建模产生曲面破损，上弧线走势与下弧线相似；

4. 画完后按 F10 打开控制点调整曲线，调整好后关闭控制点。

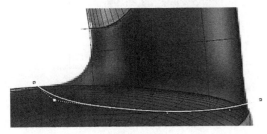

图 2-7-142

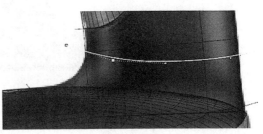

图 2-7-143

使用【修剪】工具（如图 2-7-144 所示），分别将上一步骤创建的两条弧线中间区域的多余曲面修剪去掉。

操作要点：

1. 修剪一定要保证把电钻手柄与下部曲面相应部分去除干净；

2. 修剪操作中也不能将需保留曲面误修剪掉，修剪后透视效果如图 2-7-145 所示。

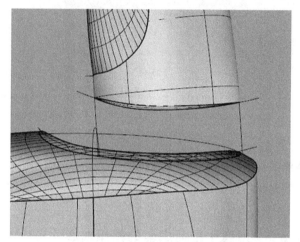

图 2-7-144

图 2-7-145

使用【控制点曲线】工具，点选物件锁点四分点约束，分别绘制出电钻下部衔接曲面的前后两端轮廓线，并通过控制点进行调整（如图 2-7-146、图 2-7-147 所示）。

操作要点：

在绘制时要注意使用端点或四分点约束确定两条轮廓线的起点与终点的位置。

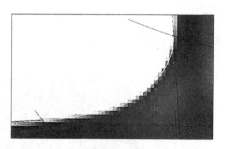

图 2-7-146

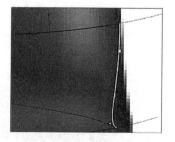

图 2-7-147

使用【复制面的边框】，点选电钻手柄部位曲面和下部曲面（如图 2-7-148 所示），创建出多条边框曲线（如图 2-7-149 所示）。

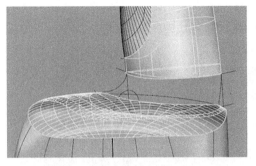

图 2-7-148　　　　　　　　　　　　　图 2-7-149

使用【双轨扫掠】（如图 2-7-150 所示），首先选取双轨线（两条衔接曲线）（如图 2-7-151 所示），然后选取截面（两条边框线）（如图 2-7-152 所示）。调整扫掠起点方向和位置并点选默认对话框的设置，确定完成曲面造型（如图 2-7-153 所示）。

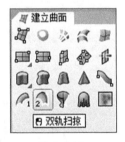

图 2-7-150

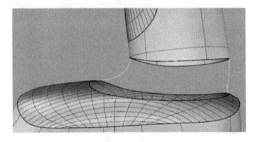

图 2-7-151

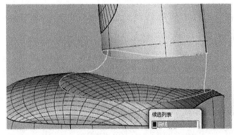

图 2-7-152

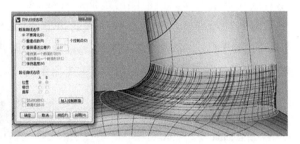

图 2-7-153

2. 默认对话框也须根据实际设置进行调整,确定断面曲线选项设置为"不要简化";

3. 如果使用【混接曲面】也能完成此部分曲面创建,但操作过程中细节较多,讲解较为复杂不易掌握,所以推荐使用【双轨扫掠】完成操作,最终的电钻下部衔接曲面的三维效果如图 2-7-154、图 2-7-155 所示。

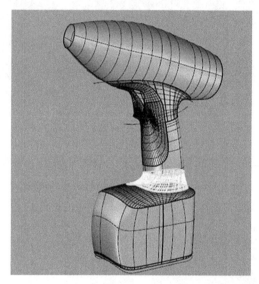

图 2-7-154

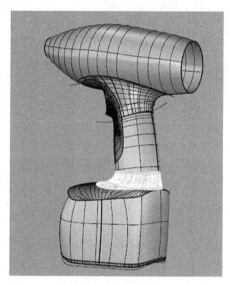

图 2-7-155

● **Step 10　创建电钻头部细节**

使用【建立曲面】下拉【以平面曲线建立曲面】工具(如图 2-7-156 所示),点选电钻上部曲面前端的边框结构线(如图 2-7-157 所示),将钻口开放的曲面进行封口。继续点选钻口的边框线(如图 2-7-158 所示),使用【曲线工具】下拉【偏移曲线】工具(如图 2-7-159 所示),设偏移距离为"0.5"(如图 2-7-160 所示),向内偏移,完成曲线偏移的创建(如图 2-7-161 所示)。

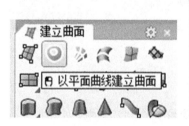

图 2-7-156

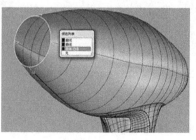

图 2-7-157

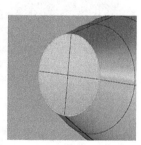

图 2-7-158

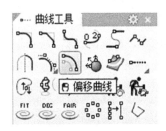

图 2-7-159

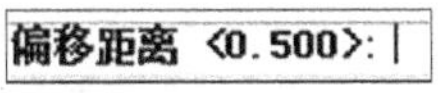

偏移距离 <0.500>: |

图 2-7-160

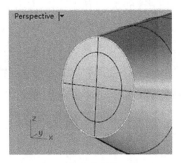

图 2-7-161

使用【建立实体】下拉【挤出封闭的平面曲线】工具(如图 2-7-162 所示),对话框选项设置以曲面向"两侧"挤出,挤出长度参考 Right 视角钻口的突出长度(如图 2-7-163 所示),完成钻头曲面创建(如图 2-7-164 所示)。使用【复制】工具(如图 2-7-165 所示)将此曲面在原位置进行复制,并隐藏其中之一以备后续步骤中使用(如图 2-7-166 所示)。使用【修剪】工具将钻口多余曲面选中进行修剪,完成下凹的结构(如图 2-7-167 所示)。

操作要点:

1. 偏移曲线要与轮廓线在同一平面上,以便于挤出曲面时能以正确的垂直关系进行拉伸;

2. 修剪时先选中全部曲面,然后逐一修剪,注意要修剪至钻口下凹向内的结构。

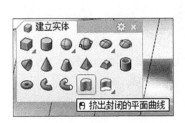

图 2-7-162

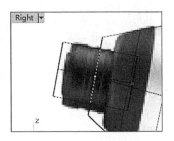

图 2-7-163

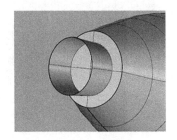

图 2-7-164

图 2-7-165

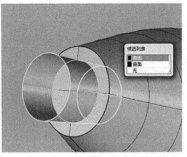

图 2-7-166

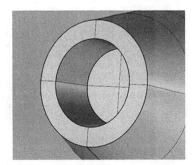

图 2-7-167

使用【曲面圆角】工具(如图 2-7-168 所示),设置圆角半径为"0.2"(如图 2-7-169 所示),将钻口外边缘倒角(如图 2-7-170 所示);再继续倒角,设置圆角半径为"0.1"(如图 2-7-171 所示),将钻口内边缘倒角(如图 2-7-172 所示)。此时,将之前隐藏的另一个钻头曲面显示,使用【实体工具】下拉【将平面洞加盖】工具(如图 2-7-173 所示),将钻头加盖成实体(如图 2-7-174 所示)。再使用【实体工具】下拉【不等距边缘圆角】工具(如图 2-7-175 所示),设置倒角值为"0.2"(如图 2-7-176 所示),完成钻口倒角(如图 2-7-177 所示)。

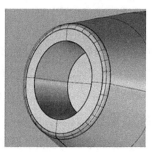

图 2-7-168　　　　图 2-7-169　　　　　　图 2-7-170　　　　　　图 2-7-171

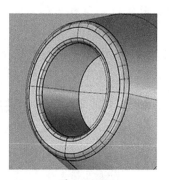

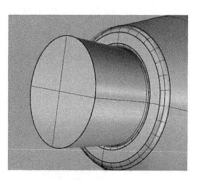

图 2-7-172　　　　　　图 2-7-173　　　　　　图 2-7-174

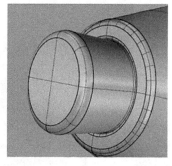

图 2-7-175　　　　　　图 2-7-176　　　　　　图 2-7-177

● Step 11　创建电钻尾部曲面细节

使用【控制点曲线】，并将物件锁点停用，避免创建过程中点位干扰。在电钻后部稍微靠内一点的位置，绘制一条与后部轮廓线相仿的曲线（如图 2-7-178 所示），通过【挤出封闭的平面曲线】选择两侧挤出并确定不为实体，创建出曲面（如图 2-7-179 所示），通过【切割】将电钻后部多余的曲面部分进行修剪，并进行面的倒角后，完成尾部大体造型。

> **操作要点：**
> 1. 挤出的曲面宽度要超过电钻宽度，并且横向曲面与纵向曲面处于完全相交位置（如图 2-7-180 所示）；
> 2. 使用【修剪】工具（如图 2-7-181 所示），分别选取切割用的曲面与要切割的曲面，完成曲面相交的多余边缘的修剪（如图 2-7-182 所示）；
> 3. 使用【曲面圆角】工具（如图 2-7-183 所示），将圆角半径设置为 0.5 及相应设置，完成电钻上部钻口和尾部大体造型创建（如图 2-7-184 所示）。

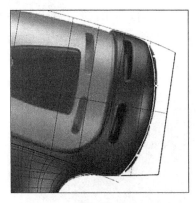

图 2-7-178

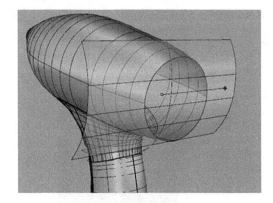

图 2-7-179

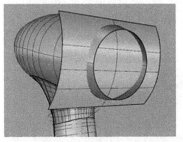

图 2-7-180

图 2-7-181

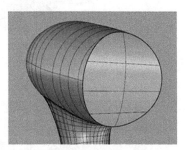

图 2-7-182

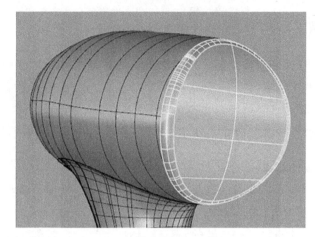

图 2-7-183

图 2-7-184

● Step 12 创建手柄按钮部分造型

使用【控制点曲线】工具，停用捕捉约束，在 Right 视角绘制出按钮的轮廓线（如图 2-7-185 所示）。选择该轮廓线（如图 2-7-186 所示），使用【挤出封闭的平面曲线】（如图 2-7-187 所示），选择"两侧"及"实体"进行拉伸（如图 2-7-188 所示），完成按钮实体挤出。

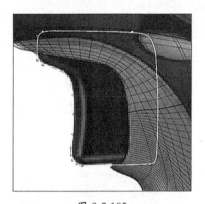

图 2-7-185

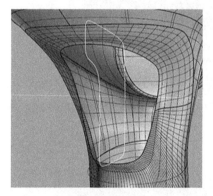

图 2-7-186

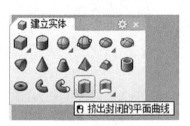

图 2-7-187

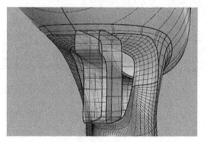

图 2-7-188

操作要点：

1. 按钮的轮廓线不可只绘制黑色表面部分，要根据对结构部件的理解绘制完整截面，也可使用【多重直线】工具绘制轮廓线后，使用【整体倒角】，做 0.4 的圆角处理；

2. 在绘制完成后确定该曲线在模型按钮正中间位置，在向两侧挤出实体时，注意其宽度不要超过按钮中间的开口宽度，以免发生局部结构穿插。

使用【实体工具】下拉【不等距边缘圆角】工具（如图 2-7-189 所示），倒角半径值为 0.2，点选按钮两侧边线（如图 2-7-190 所示），完成倒角（如图 2-7-191 所示）。

图 2-7-189

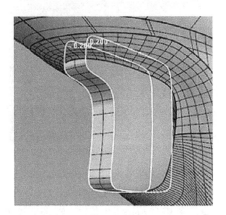

图 2-7-190

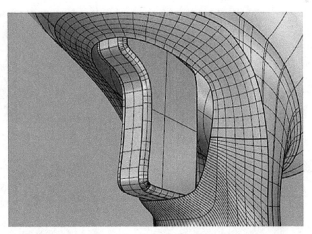

图 2-7-191

选择按钮开口的轮廓曲线（如图 2-7-192、图 2-7-193 所示），使用【从物件建立曲线】下拉【投影曲线】工具（如图 2-7-194 所示），在 Right 视图点选按钮实体（如图 2-7-195 所示），完成投影线创建（如图 2-7-196 所示）。

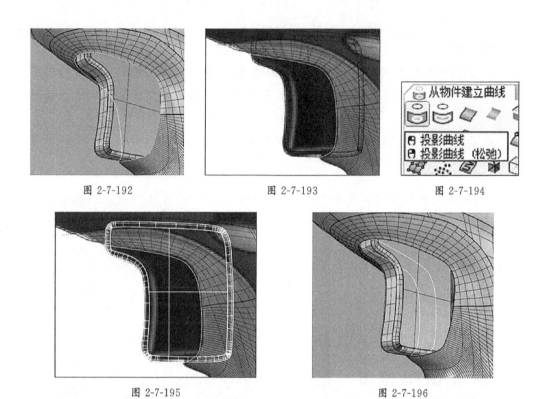

图 2-7-192 图 2-7-193 图 2-7-194

图 2-7-195 图 2-7-196

使用【建立曲面】下拉【放样】工具（如图 2-7-197 所示），分别点选按钮开口轮廓曲线和上一步创建的投影线（如图 2-7-198 所示），调节放样的方向和起点位置（如图 2-7-199 所示），按对话框默认设置创建曲面放样（如图 2-7-200 所示），在着色模式下的效果如图 2-7-201 所示。

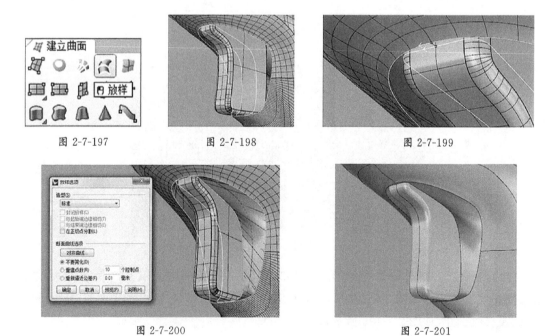

图 2-7-197 图 2-7-198 图 2-7-199

图 2-7-200 图 2-7-201

● Step 13　创建电钻上部"红色曲面"造型

使用【控制点曲线】,绘制电钻上部中间红色区域的结构线(如图 2-7-202 所示),再使用
【分割】工具(如图 2-7-203 所示)进行造型细节分割。首先选取要分割的上部曲面(如图 2-7-
204 所示),接着选取分割用的曲线(如图 2-7-205 所示),完成曲面分割(如图 2-7-206 所示)。

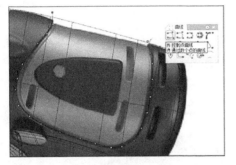

图 2-7-202

图 2-7-203

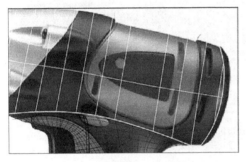

图 2-7-204

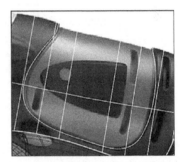

图 2-7-205

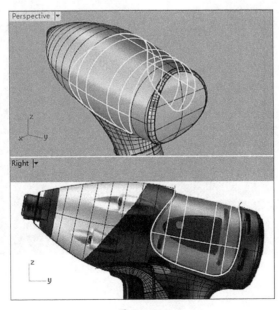

图 2-7-206

使用【三轴缩放】工具(如图 2-7-207 所示),在 Right 视图点选中心区域进行适量缩放(如图 2-7-208 所示),使其在空间中三轴缩放,为下一步建模创建出边缘空隙(如图 2-7-209 所示)。点选四分点捕捉(如图 2-7-210 所示),使用【控制点曲线】(如图 2-7-211 所示),在 Right 视图绘制出连接结构断面的轨迹线(如图 2-7-212、图 2-7-213、图 2-7-214 所示)。

操作要点:

在绘制两条轨迹线时,在打开四分点捕捉的同时,需关闭其他物件锁点选项,以免点位在空间位置上偏移影响曲线的创建。

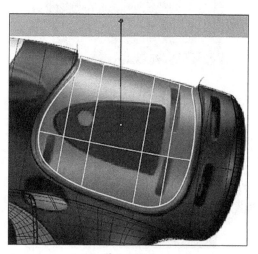

图 2-7-207

图 2-7-208

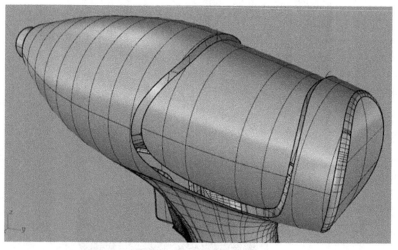

图 2-7-209

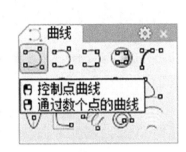

☑ 四分点

图 2-7-210　　　　图 2-7-211

图 2-7-212

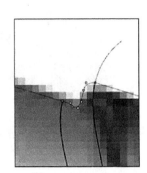

图 2-7-213

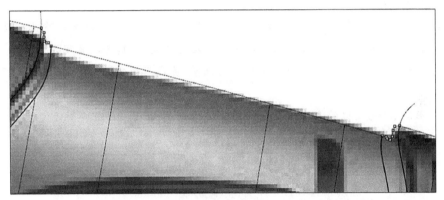

图 2-7-214

使用【双轨扫掠】(如图 2-7-215 所示),首先选取双轨线(两条衔接曲线)(如图 2-7-216 所示),然后选取截面(两条边框线)(如图 2-7-217 所示)。此时出现两根射线(如图 2-7-218 所示),调整方向和位置并点选默认对话框的设置,完成曲面造型创建。

图 2-7-215

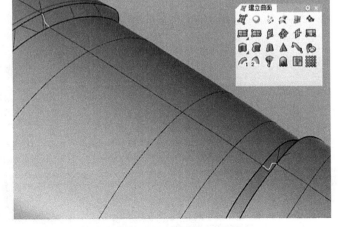

图 2-7-216

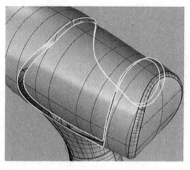
图 2-7-217

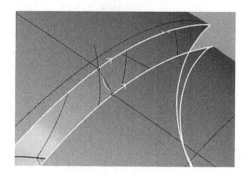
图 2-7-218

操作要点：

1. 通过【四分点】可以确定两条射线的位置落在两条边框线相应的中点位置，如果方向不一致，使用鼠标在箭头位置轻轻移动就能调整方向，并单击确定；

2. 按对话框默认设置也须根据实际进行调整，确定断面曲线选项设置如图 2-7-219 所示；

3. 确定后，完成电钻上部曲面中的衔接边缘创建（如图 2-7-220 所示）。

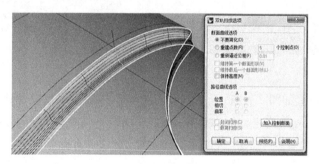
图 2-7-219

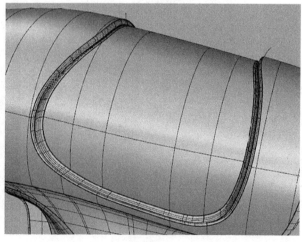
图 2-7-220

● Step 14　创建电钻上部中间结构细节

使用【控制点曲线】创建中间黑色三角轮廓线（如图 2-7-221 所示），并
使用【分割】工具，进行曲面分割（如图 2-7-222 所示）。

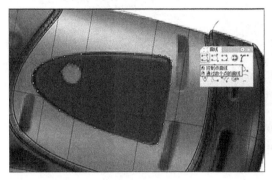

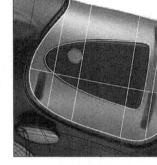

图 2-7-221　　　　　　　　　　　　　　　　图 2-7-222

将分割后的三角曲面通过【隐藏物件】进行隐藏（如图 2-7-223 所示），选取中间的边缘
线（如图 2-7-224 所示），使用【挤出封闭曲线】单侧向内拉伸（如图 2-7-225 所示），创建出
一定厚度边缘曲面（如图 2-7-226 所示）。通过【复制】（如图 2-7-227 所示），复制边缘曲面
（如图 2-7-228 所示）。

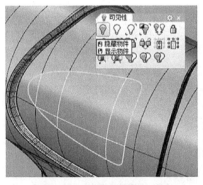

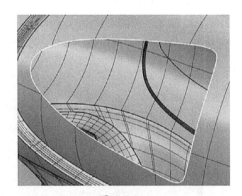

图 2-7-223　　　　　　　　　　　　　　　　图 2-7-224

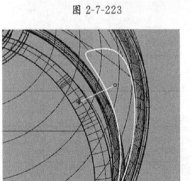

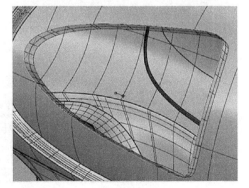

图 2-7-225　　　　　　　　　　　　　　　　图 2-7-226

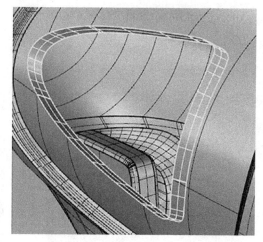

图 2-7-227

图 2-7-228

操作要点：

选择"方向"挤出的方面，在 Front 视角上，与电钻上部对应的曲面相垂直关系，向内拉伸出边缘曲面。

先使用【显示物件】显示之前隐藏的三角曲面（如图 2-7-229 所示），再使用【隐藏物件】隐藏外部曲面（如图 2-7-230 所示），使用【曲面圆角】（如图 2-7-231 所示），点选三角曲面和边缘曲面进行倒角（如图 2-7-232 所示），并将局部进行组合（如图 2-7-233 所示）。

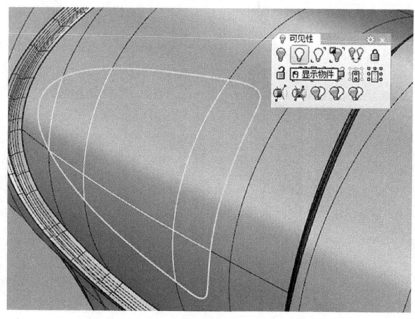

图 2-7-229

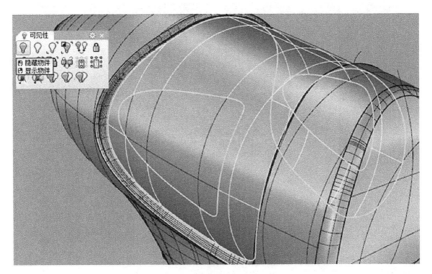

图 2-7-230

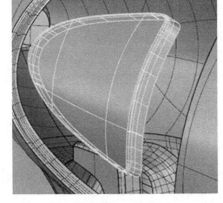

图 2-7-231　　　　　　　　　图 2-7-232　　　　　　　　　图 2-7-233

使用【镜像】(如图 2-7-234 所示),点选【中点】(如图 2-7-235 所示)锁定中心轴,进行三角组块的另一侧镜像(如图 2-7-236 所示),完成两侧组块对称创建(如图 2-7-237 所示)。

图 2-7-234　　　　　　图 2-7-235　　　　　　图 2-7-236

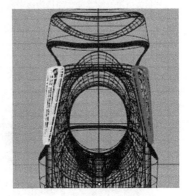

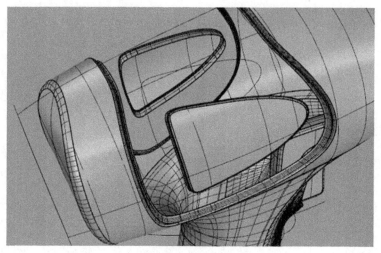

图 2-7-237

隐藏上一步创建的两侧三角组块,显示之前隐藏的边缘曲面(如图 2-7-238 所示),并通过【曲面圆角】和【组合】工具完成该部分曲面组块的创建(如图 2-7-239 所示)。

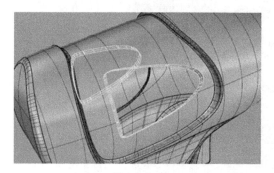

图 2-7-238

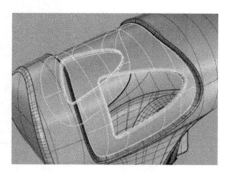

图 2-7-239

显示上一步隐藏的组块,完成中间区域的结构细节,着色模式显示如图 2-7-240 所示。

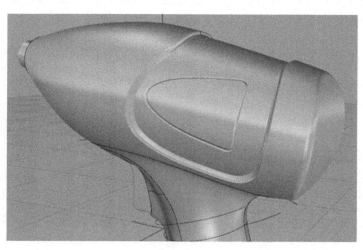

图 2-7-240

● Step 15 创建电钻上部"转向"按钮部分造型

使用【椭圆】工具直径画线方式,绘制按钮轮廓线(如图 2-7-241 所示),通过【分割】将曲面分割开来(如图 2-7-242 所示),采用前面步骤中的建模方法,分别使用【挤出曲面】(如图 2-7-243 所示)、【隐藏显示物件】(如图 2-7-244 所示)、【曲面倒角】(如图 2-7-245 所示)创建出电钻上部"单侧"的按钮。

> **操作要点:**
>
> 1. 在绘制按钮轮廓时,不要完全照抄,因为参考图虽是正侧面,仍然有一定的透视角度,需要理解后画出按钮的正确位置;
>
> 2. 在细节造型影响下,如果没有空间绘制大小完全一致的按钮,可进行适当缩放,使之能够在不破坏局部造型的基础上完成按钮的创建。

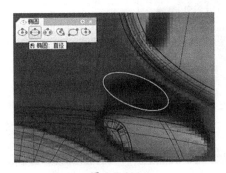

图 2-7-241

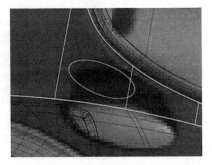

图 2-7-242

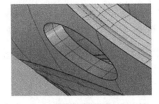

图 2-7-243

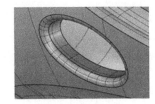

图 2-7-244

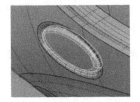

图 2-7-245

● Step 16 创建电钻上部矩形凹槽

使用【矩形】工具,角对角绘制电钻尾部的凹槽轮廓(如图 2-7-246 所示),接着使用【全部圆角】对其进行适度的整体倒角(如图 2-7-247 所示)。完成一个后,使用【复制】工具(如图 2-7-248 所示)复制出其余类似的凹槽轮廓,并使用【2D 旋转】工具调整角度(如图 2-7-249 所示),对于个别长度较短的矩形使用【单轴缩放】(如图 2-7-250 所示)拉长其长度。

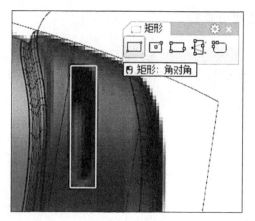

图 2-7-246

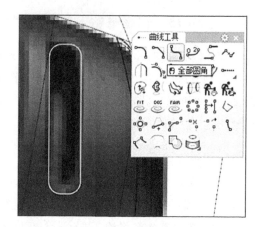

图 2-7-247

图 2-7-248

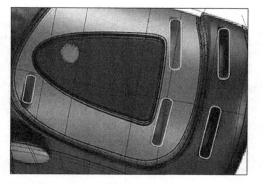

图 2-7-249

图 2-7-250

　　使用【分割】工具选取整体曲面（如图 2-7-251 所示），将上一步创建的凹槽轮廓进行曲面分割（如图 2-7-252 所示）。选取分割出来的这些矩形曲面在 Front 视角或 Top 视角向内凹陷一定的深度后，使用【放样】工具选取对应边缘线按默认设置（如图 2-7-253 所示）建立深度曲面。

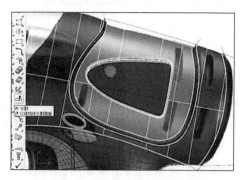

图 2-7-251

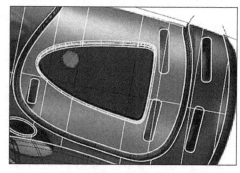

图 2-7-252

图 2-7-253

　　使用同样的方法完成其余的曲面创建(如图 2-7-254 所示),分别组合各个凹槽组块后,使用【镜像】工具(如图 2-7-255 所示),完成对称的曲面镜像复制(如图 2-7-256 所示)。

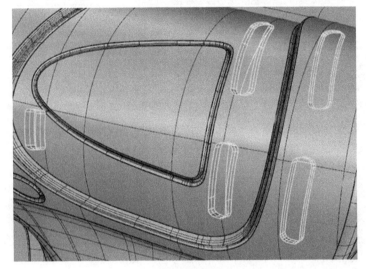

图 2-7-254

图 2-7-255

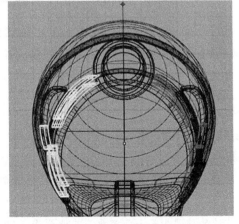

图 2-7-256

完成镜像后,再进行倒角,以避免曲面破损。使用【曲面圆角】(如图 2-7-257 所示),设置圆角半径参考值为 0.05(如图 2-7-258 所示),对凹陷曲面内外边缘分别进行曲面倒角(如图 2-7-259 所示),继续完成全部曲面倒角,着色模式显示如图 2-7-260 所示。

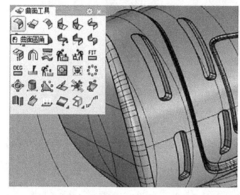

圆角半径 〈0.050〉:

图 2-7-257

图 2-7-258

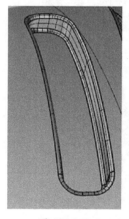

图 2-7-259

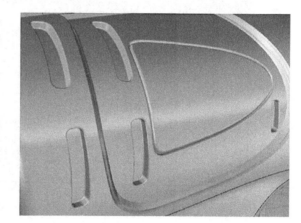

图 2-7-260

● Step 17　创建电钻上部椭圆的凹槽结构

使用【椭圆】工具,通过直径绘制电钻卡槽轮廓曲线(如图 2-7-261 所示),使用【修剪】工具(如图 2-7-262 所示),将椭圆轮廓内部曲面修剪去掉(如图 2-7-263 所示)。

操作要点:

1. 使用【2D 旋转】工具,将椭圆曲线在 Right 视角进行角度调整,使之与背景图位置对应;

2. 在修剪过程中,要注意将前后位置的椭圆曲面都修剪去掉,并在透视角度中进行检查;

3. 修剪掉的椭圆曲面一定不要与其他曲面交错,避免后续建模细节结构上产生瑕疵。

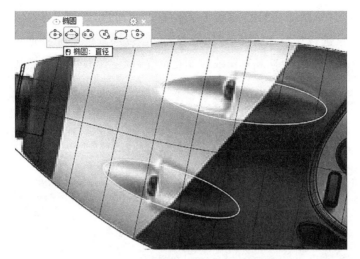

图 2-7-261

图 2-7-262

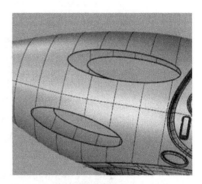

图 2-7-263

　　使用【控制点曲线】锁定轮廓两端的中点或四分点绘制一条直的曲线（如图 2-7-264 所示）。

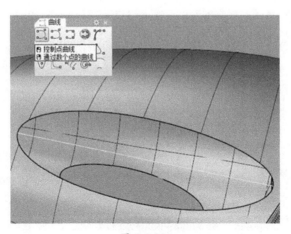

图 2-7-264

　　将此曲线进行【重建曲线】,将其改为 3 阶 4 点的曲线(如图 2-7-265 所示)。在 Top 视角或 Front 视角进行控制点的调整(如图 2-7-266 所示),停用物件锁点,点选中间两点进行移动,在 Perspective 视角观察曲线的变化情况,确定位置后关闭控制点。

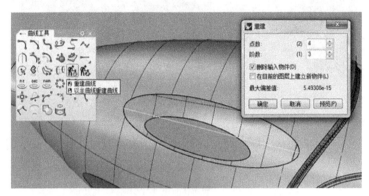

图 2-7-265

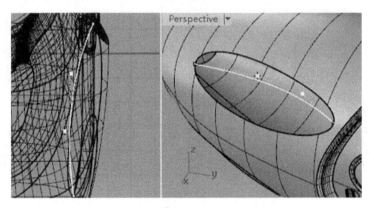

图 2-7-266

　　使用【复制面的边框】将曲面的边框进行提取(如图 2-7-267 所示)。

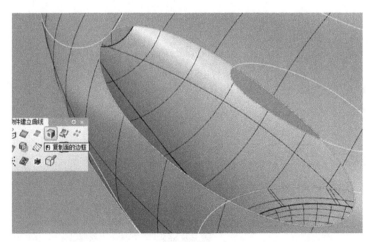

图 2-7-267

使用【分割】工具，通过中间的曲线将边框线一分为二（如图 2-7-268 所示）。

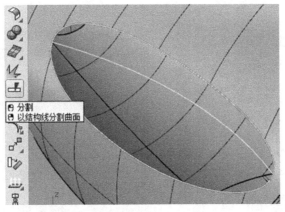

图 2-7-268

使用【放样】工具，依次点选三条曲线，放样选项中设置重建点数为"10"个控制点（如图 2-7-269 所示），完成卡槽凹陷部分的曲面创建（如图 2-7-270 所示），并使用【镜像】工具完成对称的另一半曲面创建（如图 2-7-271 所示）。

操作要点：

简化曲面虽然边缘衔接有缝隙，但减少细节破面产生，有利于下一步完成面倒角，倒角后缝隙可以完全填补上。

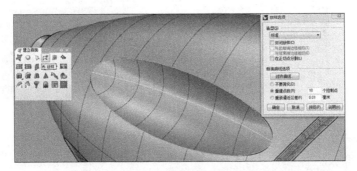

图 2-7-269

图 2-7-270

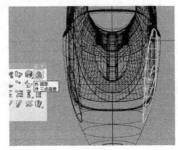

图 2-7-271

使用【曲面圆角】工具（如图 2-7-272 所示），将上下两个凹槽结构的边缘倒圆角（如图 2-7-273 所示），另一侧也如此操作。

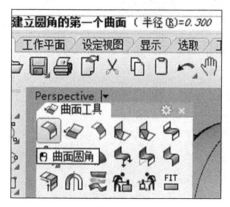

图 2-7-272

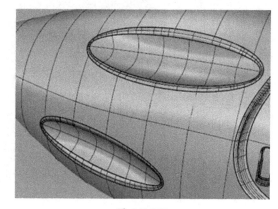

图 2-7-273

打开最近点捕捉（如图 2-7-274 所示），使用【控制点曲线】在曲面中间位置绘制一条曲线，以轮廓线上相应的最近点为两个端点（如图 2-7-275 所示），使用【重建曲线】将其改为"3 阶 4 点"后确定设置（如图 2-7-276 所示）。

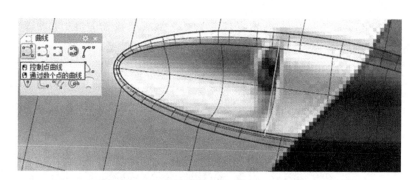

图 2-7-274

图 2-7-275

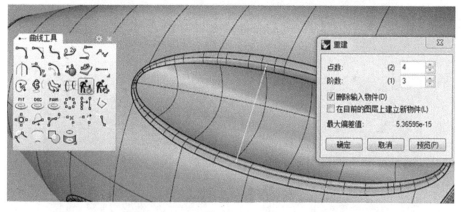

图 2-7-276

调整控制点,使之成为符合造型要求的曲线(如图 2-7-277 所示)。

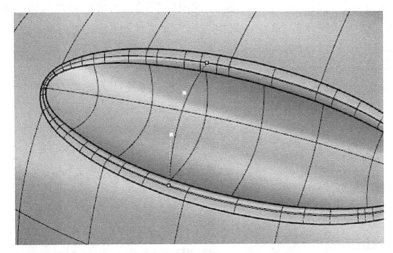

图 2-7-277

继续使用【控制点曲线】,从曲线的中点出发,到外轮廓线后边中点,绘制一条直的曲线(如图 2-7-278 所示)。使用【重建曲线】重建成"3 阶 4 点"的曲线(如图 2-7-279 所示)。

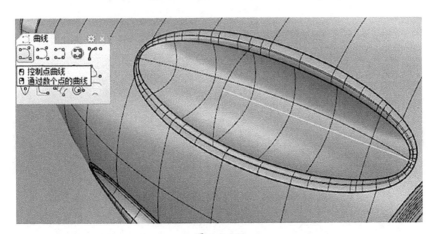

图 2-7-278

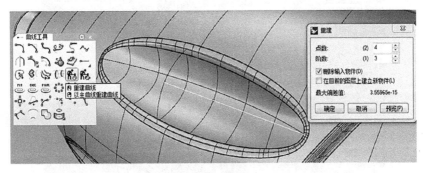

图 2-7-279

打开控制点,调整中间两点,使其完全成为曲线(如图 2-7-280 所示),使用【分割】工具对轮廓曲线进行分割(如图 2-7-281 所示)。使用【放样】依次选取分割后的三条曲线(如图 2-7-282 所示),选项设置标准,重建点数为 10 点,完成曲面创建(如图 2-7-283 所示)。

操作要点:

创建曲面时可隐藏电钻部分结构再进行操作,可使结构更为清晰明确。

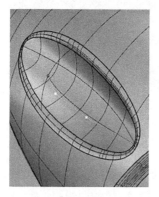
图 2-7-280

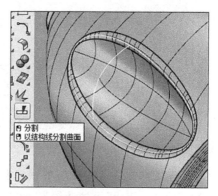
图 2-7-281

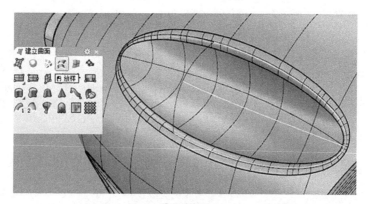
图 2-7-282

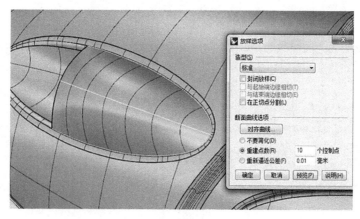
图 2-7-283

　　使用【曲面偏移】工具（如图 2-7-284 所示），设置向内偏移距离为 0.2，偏移为实体（如图 2-7-285 所示），完成凹槽半遮盖的实体造型（如图 2-7-286 所示）。使用【不等距边缘圆角】工具，点选实体的两条边缘（如图 2-7-287 所示），完成适量倒角（如图 2-7-288 所示）。下面的部分也完成相似的实体偏移与倒角（如图 2-7-289 所示）。

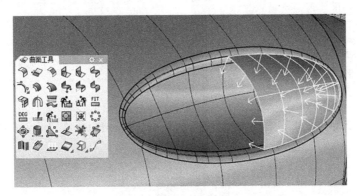

图 2-7-284

（距离 (D)=0.2　角 (C)=锐角　实体 (S)=是

图 2-7-285

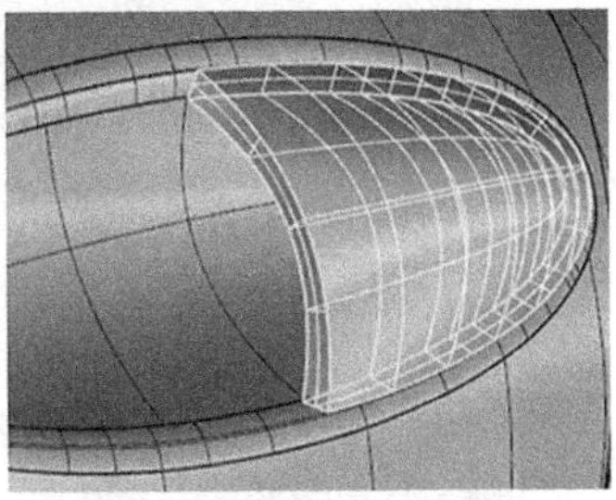

图 2-7-286

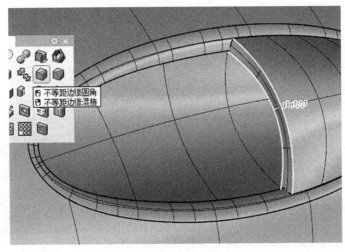

图 2-7-287

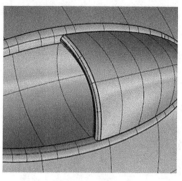

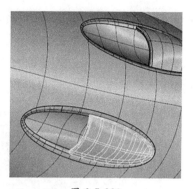

图 2-7-288 图 2-7-289

使用【镜像】选取已经完成的一侧，对称复制出另外一侧（如图 2-7-290 所示）。

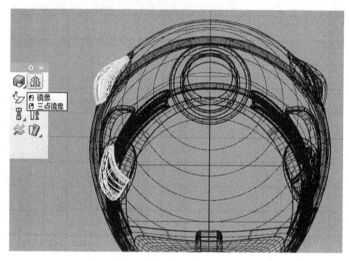

图 2-7-290

● Step 18　创建电钻底座细节

使用【控制点曲线】在底部创建一条结构曲线（如图 2-7-291 所示），绘
制时前后端超出一点。

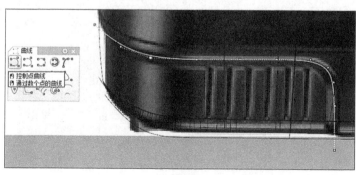

图 2-7-291

使用【分割】工具将底部曲面通过该曲线进行分割（如图 2-7-292 所示），分割后分别将两个部分的许多细小曲面进行组合，合并成完整的两个组块（如图 2-7-293、图 2-7-294 所示）。

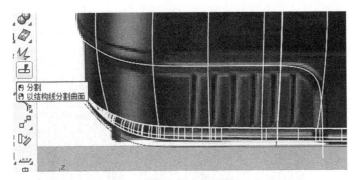

图 2-7-292

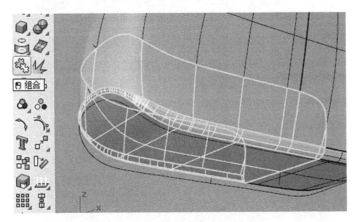

图 2-7-293

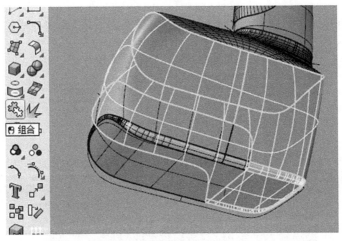

图 2-7-294

使用【三轴缩放】在 Right 视角根据背景图进行适量缩放（如图 2-7-295 所示），使其在三维空间中保持居中缩放。使用【混接曲面】工具，点选两个曲面的边缘接缝线，并调整相应的起点位置和方向（如图 2-7-296 所示）。

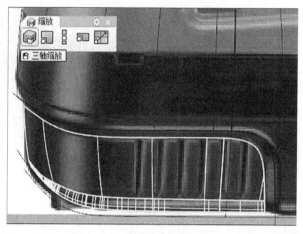

图 2-7-295

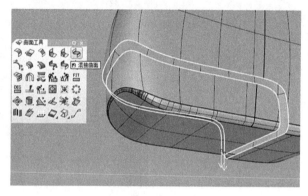

图 2-7-296

按照调整曲面混接对话框中的默认设置，预览混接效果，确定完成边缘曲面创建（如图 2-7-297 所示）。

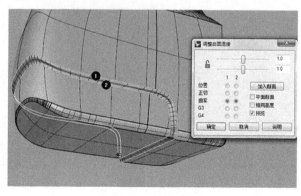

图 2-7-297

使用【矩形】工具，角对角绘制电钻凸起结构的矩形轮廓线（如图 2-7-298 所示）。并使用【2D 旋转】工具进行角度调整。

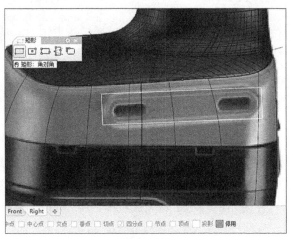

图 2-7-298

使用【全部圆角】工具，进行"0.5"的整体圆角处理（如图 2-7-299 所示），用同样的方式绘制里面的两个矩形，并进行角度位置调整及圆角处理（如图 2-7-300 所示）。

操作要点：
关于倒角值的设定可根据实际效果进行多次调整，选择最佳倒角效果。

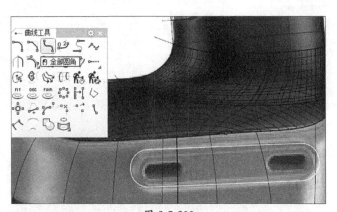

图 2-7-299

图 2-7-300

使用【分割】工具将相应的几块曲面进行分割（如图 2-7-301 所示）。

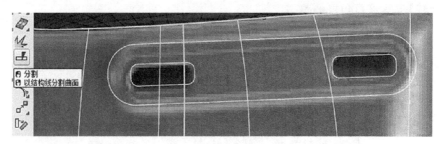

图 2-7-301

选取其中需要突出的这块曲面，在相应的 Front 视角向正前方适量移动（如图 2-7-302 所示），使用【放样】创建出侧面的厚度曲面（如图 2-7-303 所示）。对这部分的曲面进行组合（如图 2-7-304 所示），并使用【镜像】工具完成对称的另一侧复制（如图 2-7-305 所示）。

操作要点：

1. 在移动局部细节曲面时，根据选定的视角进行对应的位置调整；

2. 【放样】等工具由于之前的设置调整变动，需根据步骤要求重新进行调整。

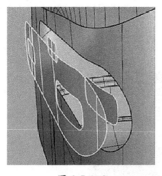

图 2-7-302

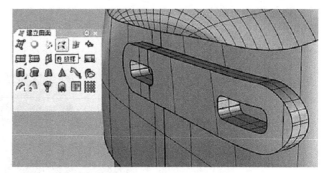

图 2-7-303

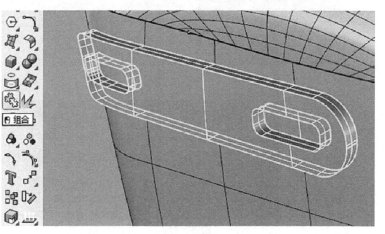

图 2-7-304

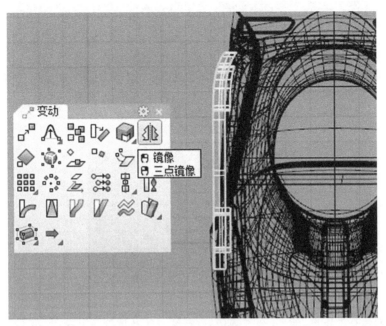

图 2-7-305

使用【曲面圆角】工具对凸起部分的结构边缘细节进行适量的曲面倒角,两侧结构都需完成倒角,使结构细节到位(如图 2-7-306 所示)。

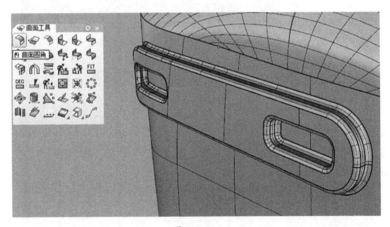

图 2-7-306

● Step 19　创建电钻底部凹槽

使用【矩形】绘制底部其中一个矩形凹槽轮廓,并使用【直线阵列】工具(如图 2-7-307 所示),根据背景图调整阵列距离、个数。并将个别矩形单轴缩放(如图 2-7-308 所示)。

图 2-7-307

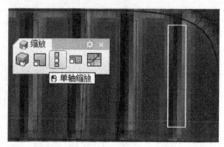

图 2-7-308

选中阵列的全部矩形,使用【全部圆角】进行统一的整体倒角处理(如图 2-7-309 所示)。

图 2-7-309

使用前一步骤中已经使用过的方法,对这部分结构分别进行分割,位置向下移动后【放样】,然后进行【镜像】及【曲面圆角】处理,完成下陷的细节结构创建(如图 2-7-310 所示)。

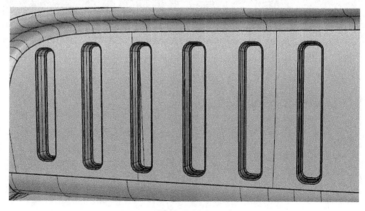

图 2-7-310

操作要点：

此部分建模，还是要遵循先【镜像】再【倒角】的原则，以免结构细节出现错误。

● Step 20　电钻结构分模处理

使用【控制点曲线】分别在电钻前部与下部的分模结构处绘制分模线（如图 2-7-311、图 2-7-312 所示）。曲线两端超出轮廓一定距离，以便下一步进行分割。

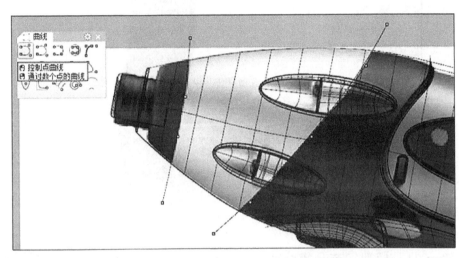

图 2-7-311

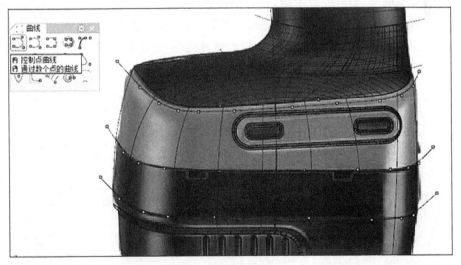

图 2-7-312

使用【分割】工具将电钻结构进行分模处理（如图 2-7-313 所示）。

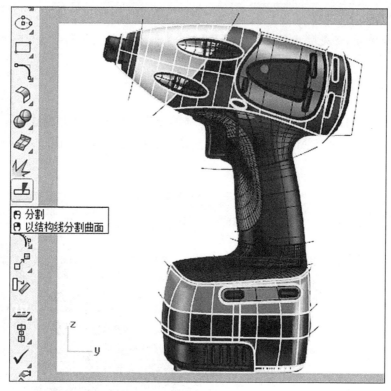

图 2-7-313

● Step 21　模型细节分模处理

　　最后的模型调整、细节处理阶段，是检查模型完整度的重要阶段。例如电钻下部的边缘细节处理，就需要使用【修剪】工具将原先创建的边缘修剪掉，然后使用【控制点曲线】重新绘制接缝的轨迹线，进而使用【双轨扫掠】进行边缘曲面的进一步创建（如图 2-7-314 所示）。

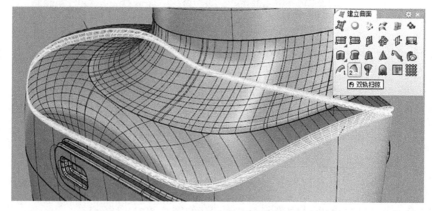

图 2-7-314

电钻手柄部分的边缘曲面也用同样的方法进行细节处理（如图 2-7-315 所示）。

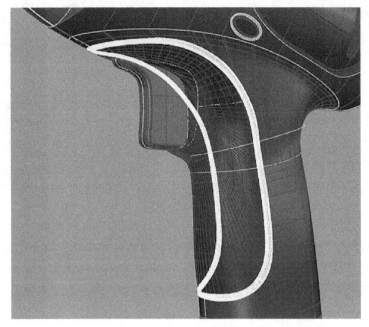

图 2-7-315

当电钻模型的造型结构都处理完毕后，接下来就是将模型的各个局部进行图层分层，以便在后期效果图渲染的过程中，能够将模型的各个局部的材质进行区分处理。使用【图层】下拉【编辑图层】工具，新建并命名各个部分名称，对色彩进行编辑修改，以便区分（如图 2-7-316 所示）。

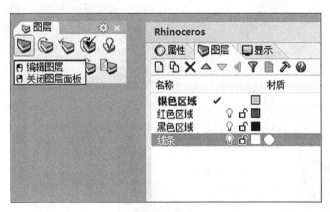

图 2-7-316

首先编辑"线条"图层，将其颜色设置为白色。在模型中，选取全部的辅助线，将其选择到"线条"图层下，并将此图层隐藏（如图2-7-317所示），这样这些烦琐的曲线既统一地改变了图层，又全部隐藏了起来（如图 2-7-318 所示）。

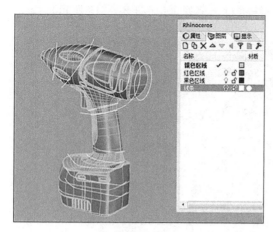

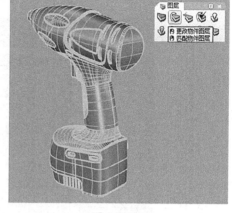

图 2-7-317   图 2-7-318

　　根据背景图相同颜色提示,选取电钻前部因之前创建模型细节分开的曲面,将其全部组合在一起,便于统一处理(如图 2-7-319 所示)。将银色部分的曲面选择到"银色区域"图层下,并调整颜色为银灰色,这样在模型中,此部分的曲面就被统一调整成"银灰色"部分了(如图 2-7-320 所示)。

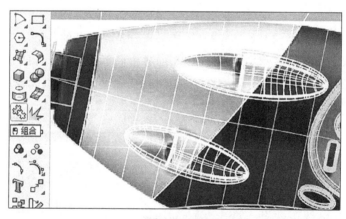

图 2-7-319

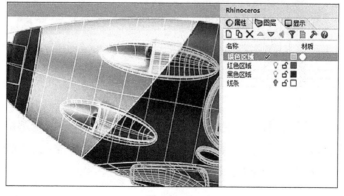

图 2-7-320

使用同样的方法,选取相应的曲面放置到"黑色区域"图层下(如图 2-7-321 所示)。

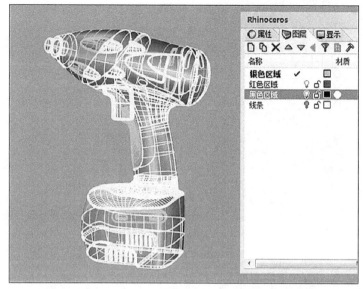

图 2-7-321

使用同样的方法,选取相应的曲面放置到"红色区域"图层下(如图 2-7-322 所示)。

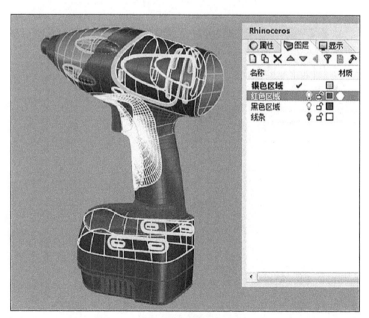

图 2-7-322

将全部调整完后的模型在自己专门设置的路径下进行保存,文件名修改为"手持电钻",文件保存类型默认为"Rhino5 3D 模型"格式(如图 2-7-323 所示)。

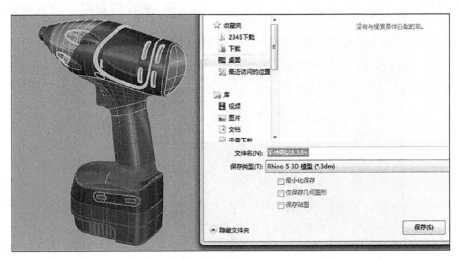

图 2-7-323

● Step 22　电钻渲染后期处理

接下来使用相关的渲染软件进行后期效果表现。点击 KeyShot 5 打开软件,直接把电钻模型文件移入渲染软件,点选默认设置即可(如图 2-7-324 所示)。

图 2-7-324

点选【库】下的【材质】,例如 plastic(塑料)等材质逐一将适合电钻产品的材质点选拉动到模型相应位置(如图 2-7-325 所示),实现材质替换(如图 2-7-326 所示)。也可继续点击材质进行参数调整。

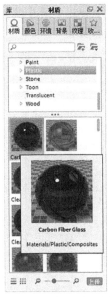

图 2-7-325

图 2-7-326

操作要点：

　　材质调整完成后，可以继续调整环境效果。进入 HDR 编辑器菜单进行编辑，选择【针】添加针（其实就是加补光），一边添加、调整补光的位置（如图 2-7-327 所示），一边观察实时渲染呈现的效果。一般来讲，补光是用来使产品造型更加完整、生动的辅助光源，调节针的半径大小和色彩（一般主光源为暖光，补光就偏冷光）以及相关的其他参数设置，可提高产品渲染效果真实性。

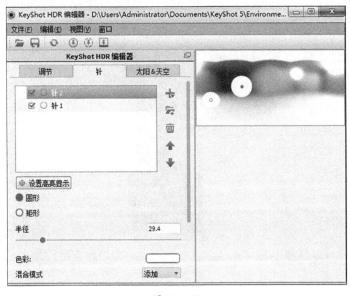

图 2-7-327

在进行渲染前,还应在【渲染选项】中设置好相关参数,例如输出设置中保存的文件夹目录、图片格式、分辨率大小等(如图 2-7-328 所示),然后点击渲染。

图 2-7-328

在渲染的过程中,电脑会一格格进行计算,分区块逐步完成渲染(如图 2-7-329 所示)。

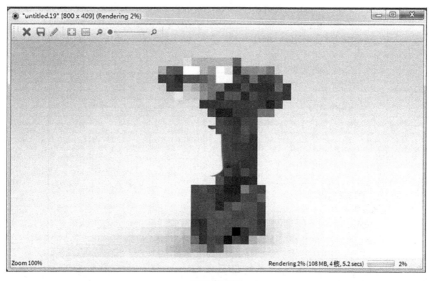

图 2-7-329

渲染完成后效果图会自动保存在设置的路径文件夹下(如图 2-7-330 所示)。

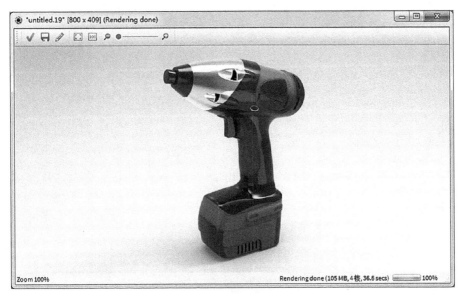

图 2-7-330

至此,手持电钻的建模及后期处理的操作过程演示完成。

浙江大学出版社
ZHEJIANG UNIVERSITY PRESS

互联网+教育+出版

立方书

教育信息化趋势下，课堂教学的创新催生教材的创新，互联网+教育的融合创新，教材呈现全新的表现形式——教材即课堂。

轻松备课

分享资源

发送通知

作业评测

互动讨论

"一本书"带走"一个课堂"　教学改革从"扫一扫"开始

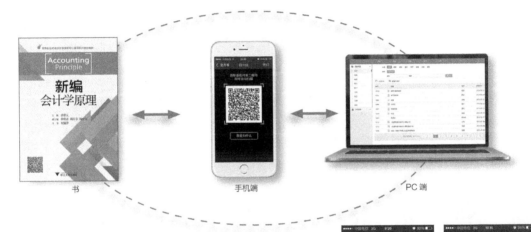

书　　　　　　　　　手机端　　　　　　　　　PC端

打造中国大学课堂新模式

【创新的教学体验】

开课教师可免费申请"立方书"开课，利用本书配套的资源及自己上传的资源进行教学。

【方便的班级管理】

教师可以轻松创建、管理自己的课堂，后台控制简便，可视化操作，一体化管理。

【完善的教学功能】

课程模块、资源内容随心排列，备课、开课，管理学生、发送通知、分享资源、布置和批改作业、组织讨论答疑、开展教学互动。

扫一扫 下载APP

教师开课流程

→ 在APP内扫描封面二维码，申请资源

→ 开通教师权限，登录网站

→ 创建课堂，生成课堂二维码

→ 学生扫码加入课堂，轻松上课

网站地址：www.lifangshu.com

技术支持：lifangshu2015@126.com；电话：0571-88273329